高等学校电子信息类"十二五"规划教材

电子技术实验教程

黄　河　张建强　马静囡　陈丹亚　编　著

张　君　主　审

西安电子科技大学出版社

内 容 简 介

　　本书由长期从事电类课程实践教学的教师编写，内容侧重学生综合设计能力和工程实践能力的培养。全书共分 5 章，内容包括绪论、模拟电子技术基础实验、数字电子技术基础实验、高频电子技术基础实验和电子电路综合设计性实验。

　　本书共有 18 个实验题目和 8 个综合设计项目，每个实验题目均包含基本实验内容和拓展提高内容，其难易程度基本满足了不同层次的教学需求。

　　本书可作为高等院校电类专业电子技术课程的实验教材，也可作为相关专业技术人员的参考书。

图书在版编目（CIP）数据

电子技术实验教程/黄河等编著.

—西安：西安电子科技大学出版社，2014.3(2018.2 重印)

高等学校电子信息类"十二五"规划教材

ISBN 978 - 7 - 5606 - 3342 - 8

Ⅰ. ① 电⋯　Ⅱ. ① 黄⋯　Ⅲ. ① 电工技术—实验—高等学校—教材

Ⅳ. ① TN - 33

中国版本图书馆 CIP 数据核字（2014）第 027972 号

策　　划　戚文艳

责任编辑　王　瑛　买永莲

出版发行　西安电子科技大学出版社(西安市太白南路 2 号)

电　　话　(029)88242885　88201467　　　　邮　　编　710071

网　　址　www.xduph.com　　　　　　　电子邮箱　xdupfxb001@163.com

经　　销　新华书店

印刷单位　虎彩印艺股份有限公司

版　　次　2014 年 3 月第 1 版　　2018 年 2 月第 3 次印刷

开　　本　787 毫米×1092 毫米　1/16　印　张　13.5

字　　数　316 千字

定　　价　24.00 元

ISBN 978 - 7 - 5606 - 3342 - 8/TN

XDUP 3634001 - 3

＊＊＊如有印装问题可调换＊＊＊

编委会名单

主　编　黄　河
编　委　马静囡　陈丹亚　李少娟　张建强
　　　　鲁　昀　姬正洲　赵颖娟　王聪敏
　　　　耿道田　刘　宏　孙中禹　李　佳
主　审　张　君

前　　言

电子技术实验是高等学校电类、机电类专业的一门必修基础课，其主要任务是通过理论与实践的紧密结合，巩固和深化已学理论知识，加强基本实验技能训练，使学生具备电路综合设计能力，掌握科学研究的基本方法，培养学生的综合素质和创新能力，树立学生的工程意识和严谨的科学作风。

本书是根据人才培养方案和课程教学的基本要求，并结合各专业特点编写而成的。本书主要包括基础实验、综合设计实验、拓展提高实验和计算机仿真实验四部分内容。基础实验旨在培养学生的基本实验技能和实验兴趣，巩固和加深学生对理论知识的理解，培养学生观察和分析实验现象、解决实际问题的能力，且实验的难度循序渐进，与理论知识紧密结合；综合设计实验的重点是让学生利用已学过的理论知识和实践技能，有选择地完成一些中大规模电子线路的设计、安装、调试任务，培养学生的电路综合设计能力以及对现代电路实验方法、测试技术的应用能力；拓展提高实验主要是开阔学生视野，让学生更多地了解电子线路的实际应用，培养学生从系统层面上分析、解决实际问题的能力，进而提高其综合创新能力；计算机仿真实验可使学生更深入地了解现代电子技术的进展，掌握先进的电子线路计算机辅助分析方法，培养学生的实验技能。

本书注重理论与实践相结合，注重现代电子技术的发展和新技术、新手段的应用，充分体现因材施教的教学指导思想。本书共分5章，第1章、第2章和第5章的5.1、5.2、5.3节由黄河编写，第3章和第5章的5.4、5.5、5.6节由马静囡、李少娟和陈丹亚编写，第4章和第5章的5.7、5.8节由张建强编写。鲁昀、姬正洲、赵颖娟、王聪敏、耿道田、刘宏、孙中禹和李佳参与了电路设计调试和部分编写工作，全书由黄河统稿。本书吸取了空军工程大学理学院实验中心全体教师的实践教学经验，并在大家的支持与指导下完成。

由于编者水平有限，书中难免有不妥之处，敬请读者批评指正。

编　者

2013 年 12 月

目 录

第1章 绪　论

电子技术实验是一门实践性很强的课程，在学生能力培养中占有非常重要的地位，是整个本科生人才培养体系中不可或缺的部分，也是培养高素质拔尖创新型人才的关键环节。

1.1　电子技术实验课的目的与意义

实验教学的目的是巩固、加强和深化所学的理论知识，培养学生的基本实验技能、电路的设计与综合应用能力以及利用先进技术进行电路设计和仿真的能力，通过分析和解决实验中出现的问题，提高学生的工程实践能力，培养学生良好的素质和创新能力及科学严谨的作风，为后续专业课程的学习奠定基础。

实验教学和理论教学是相辅相成、互相促进的，理论的概念、原理必须通过实践才能获得更清晰、更深入的理解，而在实践中获得的丰富知识和经验有利于更好、更深刻地理解原理。学习过程中，对事物的了解和认识必须有理论上的描述和实践中的观察才是比较全面和深刻的，只有书本知识，缺乏实际经验和能力往往不能很好地解决实际问题。通过分析和解决实验过程中出现的现象和问题可以促使学生独立思考，学习新知识，扩大知识面，增强理论联系实际的能力，培养创新意识和研究性思维，这也是科学工作者应该具备的能力和素质，所以实践环节和理论学习具有同样重要的意义。

1.2　电子技术实验课的特点

电子技术实验课是一门重要的技术基础课程，具有很强的实践性和鲜明的工程特点。实验中要涉及器件、电路、工艺、环境等诸多实际因素，存在理想模型和工程实际的区别，也使得一些实验现象和结果与书本知识、课堂讲授内容存在差异。因此，要学好这门课程，就必须了解课程的特点。

1. 电子器件特性参数的离散性

电子器件品种繁多、特性各异，进行实验时除要求合理选择器件、了解器件性能外，还要注意相同型号的电子器件特性参数的离散性，如电子元件（电阻、电容）的元件值存在较大偏差，同型号的晶体三极管的 β 值不同，这使得实际电路性能与设计要求有一定的差异，实验时需对实验电路进行调试。对于调试好的电路，一旦更换某个器件，则需要重新调试。

2. 电子器件的非线性

模拟器件的特性大多数都是非线性的，因此，在使用模拟电子器件时，就有如何合理选择与调整工作点使其工作在线性范围，以及如何稳定工作点的问题。而工作点一般是由偏置电路确定的，因此偏置电路的设计与调整在模拟电路中占有极其重要的位置。

3. 测试仪器的非理想特性

理论分析时，一般认为测试仪器具有理想的特性，但实际上信号源内阻不可能为零，示波器和毫伏表的输入阻抗也不是无穷的，因此，测试时会对被测电路产生影响。了解这种影响，选择合适的测量仪器和方法进行测量，可减小测量过程带来的误差。

4. 阻抗匹配

电子电路各单元电路之间相互连接时，经常会遇到匹配问题。前后级电路间匹配不好，可能会影响电路的整体效果，使得整体电路不能正常工作。因此，在电路设计时，应该选择合适的参数或采取一定措施，尽量使前后级之间良好匹配。

5. 接地问题

实际电路中所有仪器仪表都是非对称输入和输出的，所以一般输出电缆和测试电缆中都有接地线，通常要求仪器和电子电路要共地。应特别注意的是，电子电路中的"地"是可以人为选定的，是整个电路系统的参考点（零电位点）。

6. 分布参数和外界的电磁干扰

在一定条件下，分布参数对电路的特性可产生重大影响，甚至因产生自激而使电路不能正常工作，这种情况在工作频率较高时更易发生，因此，元器件的合理布局和恰当连接、接地点的合理选择和地线的合理安排、必要的去耦合屏蔽措施在电子电路中是相当重要的。

7. 测试手段的多样性和复杂性

针对不同问题应采用不同的测试方法，同时应考虑测试仪器接入后对电路产生的影响。

上述特点决定了电子技术实验的复杂性，了解这些特点，对掌握实验技术、分析实验现象、提高工程实践能力具有重要意义。

1.3　电子技术实验课的学习方法

要学好电子技术实验这门课程，应注意以下几点。

（1）掌握实验课的学习规律。实验课是以动手为主的课程，进入实验室实验时，应该做到有的放矢，并且清楚自己进入实验室该做什么、怎么做等。因此，每个实验都要经历预习、实验和总结三个阶段。

① 预习。预习的主要任务是清楚实验的目的、内容、方法及实验中必须注意的问题。通过预习，要拟定实验步骤、制订记录数据的表格，并对实验结果有一个初步的估计，以便实验时可以及时检查实验结果的正确性。预习质量的高低将直接影响实验的效果。

② 实验。实验就是按照自己预先拟定的方案进行实际操作，是提高实践能力、锤炼实验作风的过程。实验中既要动手，也要动脑，要实事求是地做好原始数据的记录，分析和解决实验中遇到的各种问题，养成良好的科学作风。

③ 总结。总结就是实验完成后，整理实验数据、分析实验结果，对实验做出评价，总结收获。这一阶段是培养总结归纳能力和学术写作能力的重要过程。

（2）学会用理论指导实践。理解实验原理、制订实验方案需要用理论进行指导；调试电路时同样需要用理论分析实验现象，从而确定调试的方法、步骤。盲目地调试是错误的，虽然有时也能获得正确的结果，但对实验技术的掌握、调试电路能力的提高不会有帮助。另外，实验结果正确与否、实验结果与理论存在的差异也需要从理论的高度来进行分析。

（3）注意实践知识与经验的积累。实践知识和经验需要通过长期积累才能丰富起来。在实验中，对所用的仪器与器件，要记住它们的型号与规格以及使用方法；对实验中出现的各种现象与故障，要记住它们的特征；对实验中的经验教训，要进行总结。

（4）自觉提高工程实践能力。要养成主动学习的习惯，实验过程中要有意识地、主动地培养自己发现问题、解决问题的能力，不要事事问老师、过多依赖指导老师，而应该尝试自己去解决实验中遇到的各种问题，要不怕困难与失败，从某种意义上来讲，困难与失败正是提高自己工程实践能力难得的机会。

1.4　电子技术实验课的要求

为确保实验顺利完成，达到预期实验效果，学生应做到以下几点。

1. 实验前要求

（1）预习充分。认真阅读实验教材，清楚实验目的，充分理解实验原理，掌握主要参数的测试方法。

（2）认真学习教材中介绍的仪器仪表的使用方法，熟悉要使用仪器仪表的性能和使用方法。

（3）对实验数据和结果有初步估算。

2. 实验中要求

（1）按时进入实验室，遵守实验室的规章制度。

（2）严格按操作规程使用仪器仪表。

（3）按照科学的方法进行实验，要求接线正确，布线整齐、合理。

（4）实验中出现故障时，应利用所学知识进行分析，并尽量独立解决问题。

（5）细心观察实验现象，真实、有效地记录实验数据。

3. 实验后要求

实验完成后要撰写实验报告。实验报告的撰写要求如下：

（1）注明实验环境和实验条件，如实验日期、所使用仪器仪表的名称等。

（2）整理实验数据，描绘测试波形，列出数据表格并画出特性曲线。

（3）对实验结果进行必要的理论分析，得出实验结论，并对本次实验做出评价。

（4）分析实验中出现的故障和问题，总结排除故障、解决问题的方法。

（5）简述实验收获和对改进实验的意见与建议。

（6）回答思考题。

1.5 误差分析

1. 误差的定义

在实际的测量中,由于受到测量仪器的精度、测量方法、环境条件或测量能力等因素的限制,测量值与真实值会有差异。测量值与真实值之差称为测量误差。

2. 误差的来源

测量误差的来源主要有以下几种。

1) 仪器误差

仪器仪表本身的电气和机械性能不完善引入的误差称为仪器误差,这是测量误差的主要来源之一。设计、制造等的不完善,以及计量器具使用过程中元器件老化、机械部件磨损、疲劳等因素会使计量器具带有误差。计量器具的误差可以分为读数误差(包括出厂校准精度不准确产生的校准误差、刻度误差、读数分辨力有限而造成的读数误差等,如指针式仪表的零点漂移、刻度非线性引起的误差及数字化仪表的量化误差)、计量器具内部噪声(即计量器具自己产生的干扰信号)引起的稳定误差和计量器具响应滞后现象造成的动态误差等。

2) 使用误差

使用误差又称操作误差,它是指在使用仪器过程中,因安装、调节、布置、使用不当而引起的误差。

3) 人身误差

人身误差是指由于人的感觉器官和运动器官的限制,因测量人员主观及客观因素所引起的误差。具体地讲,人身误差是因测量者的操作不规范、分辨能力差、视觉疲劳、反应速度慢及不良的固有习惯等引起的,如操作不当、看错、读错、听错和记错等。

4) 影响误差

影响误差又称环境误差。由于实际环境条件与规定条件不一致所引起的误差称为环境误差。它是指由于受到温度、湿度、大气压、电磁场、机械振动、声音、光照、放射性等影响所造成的附加误差。任何测量总是在一定的环境里进行的,环境由多种因素组成。对电子测量而言,最主要的影响因素是电源电压、电磁干扰、环境温度等。

5) 方法误差

方法误差是由于测量、计算方法不合理及理论缺陷等造成的误差。这种测量误差主要表现为测量时所依据的理论不严密,用近似公式或近似值计算出的数据作为测量结果或测试方法不合理等造成的误差。例如,用普通指针式万用表测量高内阻回路的电压。用谐振法测量频率时,常用近似公式为

$$f_0 = \frac{1}{2\pi \sqrt{LC}}$$

但实际上,回路电感 L 中总存在损耗电阻 R,其准确的公式为

$$f_0 = \frac{1}{2\pi \sqrt{LC}} \sqrt{1 - \frac{R^2 C}{L}}$$

6）被测量不稳定误差

由测量对象自身的不稳定变化引起的误差称为被测量不稳定误差。我们知道，测量是需要一定时间的，若在测量时间内被测量由于不稳定而发生变化，那么即使有再好的测量条件也是无法得到正确的测量结果的。如振荡器的振荡频率不稳定，则测量其频率必然会引起误差。

3. 削弱和消除误差的方法

在测量工作中，对于误差的来源要认真分析，并采取相应的措施，以减少误差对测量结果的影响。下面分别以系统误差、随机误差和粗大误差为例，分析削弱和消除误差的方法。

1）系统误差

系统误差是指在多次等精度测量同一量时，误差的绝对值和符号保持不变，或当条件改变时按某种规律变化的误差。系统误差的大小用准确度说明，系统误差越小，测量的准确度越高。

引起系统误差的原因多为测量仪器不准确、测量方法不完善、测量条件变化及操作不正确等。一般来说，当实验环境系统确定后，系统误差就是恒定值；当实验环境系统改变或部分改变时，系统误差也随之改变。我们应根据系统误差的性质和变化规律，通过分析，找出产生的原因，并进行校正改善，或者采用一种适当的测量方法，削弱或基本消除系统误差。削弱或消除系统误差的方法一般有零示法、替代法、交换法、补偿法、微差法等。

另外，由于系统误差具有一定的确定性，因此对于无法有效消除其原因的误差项，还可用修正值的方法来减小测量误差。例如，欧姆表在电池电压降低时，会造成测量值变大，这时我们可以在测量值上加上一个修正值（根据与准确的欧姆表对比可获得此修正值），来减小测量的误差。

2）随机误差

随机误差（又称偶然误差）是指对同一量值进行多次等精度测量时，其绝对值和符号均以不可预定的方式无规则变化的误差。随机误差的大小用精密度说明，随机误差越小，精密度越高。产生随机误差的主要原因是那些对测量值影响较小又互不相关的诸多因素，如各种无规律的干扰、热骚动、电磁场变化等。根据随机误差的特点，可以通过对多次测量值取算术平均值的方法来降低随机误差对测量结果的影响。

3）粗大误差

粗大误差是指因测量人员不正确操作或疏忽大意而造成的明显超出预计的测量误差。带有粗大误差的数据是不可靠的，在可能情况下应重复测量核对这些数据。在数据处理时，带有粗大误差的数据应该被删除，但是，如果是由于被测电路工作不正常而造成的粗大误差，则应做进一步的测量分析。

1.6 电子电路调试及故障分析处理

1. 电子电路的调试

电子电路的调试在电子工程实践中占据很重要的地位，是把理论付诸实践的重要过程，对设计的电路能否正常工作，是否能达到预期的性能指标要求，起到至关重要的作用。在先期电子电路设计过程中，不可能周全地考虑到许多复杂、客观的因素，如元器件标称值的偏差、器件参数的离散性、分布参数的影响等，所以安装完成的实际电路往往达不到预期的指标和性能要求，这就需要通过测试与调整来发现和纠正设计与安装中出现的偏差，然后采取必要的措施加以改进，使电路能正常工作，并达到设计指标要求。

调试一般包括以下几步。

1）不通电检查

电路安装完毕后，不要急于通电，应该先检查电路连接是否正确，是否有连错、少线、多线，各元器件引脚间连接是否正确，引脚间有无短路情况，焊点有无接触不良，电解电容极性是否接反等，同时检查直流供电情况，包括电源是否可靠接入电路，电源正负极性是否接反，还可用万用表测量供电端到地电阻，看是否存在短路情况。一般检查方法有两种：一是按照设计的电路原理图逐条支路检查；二是将实际电路与电路原理图进行对照，从两个元件引脚连线的去向清查，看每个引脚连线去处在电路图中是否存在。

2）通电观察

将电源输出调到电路供电电压值，然后接入电路。首先要仔细观察电路通电后有无异常现象，如是否有冒烟、打火、异味等。若出现异常现象，则应立即切断电源，重新检查，排除故障。

3）电路调试

电路调试包括电路的测试和调整。测试是在安装后对电路的参数及工作状态进行测量，以判断电路是否正常工作；调整是在测量的基础上对电路的结构和元器件参数等进行必要的调整，使电路的各项性能指标达到设计要求。测试与调整一般需要反复交叉进行多次。调试的方法有两种：一是边安装边调试，采用逐级调试的方法；二是整个电路全部安装完毕后进行统一调试。实验中一般采用先分级调试，再联调的方法，重点是解决各单元连接后相互之间的影响。

（1）静态调试。所谓静态调试，就是在没有外加输入信号的情况下，对电路进行的测试和调整。正确的直流工作状态是电路正常工作的基础。在模拟电路中，静态调试一般是测量和调整各级直流工作点；在数字电路中，静态调试一般是测量和调整集成电路某些引脚施加的固定直流电平，通过测量电路中各点电位来判断各级输入、输出逻辑关系是否正常。通过静态调试，可以及时发现损坏的元器件，准确判断电路各部分的工作状态。若发现器件损坏，需分析原因，排除故障后再更换元器件；若发现电路工作状态不正常，则需调整电路参数，使直流工作状态符合设计要求。

（2）动态调试。静态调试完成后，在电路输入端施加符合要求的信号，按照信号流向逐级检查有关点的信号波形、幅度、相位，并依据检查结果判断电路性能指标、逻辑关系、时序关系是否达到要求。若发现异常，需调整电路参数，直到满足设计要求为止。

（3）注意事项。为提高调试效率，确保调试效果，应注意以下事项：

① 调试前应该明确主要测试点的直流电压、相应波形等主要数据，将其作为调试过程中分析判断的基本依据。

② 调试时使用的仪器设备必须连接到电路地。只有仪器设备与电路之间共地，测量结果才是正确的，才有可能做出正确的分析判断。

③ 调试过程中，发现电路连接或器件、接线有问题，需要更换器件、重接电路时，应先关掉电源再进行，不能在带电情况下更换器件和连接电路。

④ 调试过程中应认真观察和测量，并做好相关记录，尤其对与设计要求不符的现象要进行分析，从中发现问题，对设计进行改进、完善。

2. 电子电路的故障分析和处理

调试过程中，肯定会遇到各种故障现象，分析故障原因，进而排除故障，是提高实验技能，积累实践经验，提高分析问题和解决问题能力，把理论知识向实践能力转化的重要途径。分析和处理故障的过程，就是通过调试，发现电路中存在的问题和故障，并从故障现象出发，结合所学理论知识，做出正确的分析判断，逐步找出问题的过程。

1) 产生故障的常见原因

电子电路的故障多样，产生的原因各不相同，一般有如下几种情况：

(1) 电路安装错误引起的故障，如接线错误（错接、漏接、多接、断线），元器件安装错误（电解电容正负极性接反、二极管正负极性接反、三极管引脚接错等），元器件之间碰撞造成的错误连接，集成电路插接不牢、接触不良等。

(2) 器件性能不良引发的故障，如电阻、电容、晶体管、集成电路等损坏或性能不良，参数不符合要求，实验箱、面包板内部出现短路或接触不良等。

(3) 各种干扰引发的故障，如接线、布局不合理会造成自激振荡，接地处理不当（包括地线阻抗过大、接地点不合理、仪器设备与电路不共地等），退耦、直流滤波效果不佳会造成 50 Hz（或 100 Hz）干扰。

(4) 测试仪器引发的故障。仪器设备选择不当、测试方法不合理，都会给测试结果带来很大误差，直接影响分析判断，得到错误结论。

工程实践中，如果调试的不是经过验证的电子电路，那么在调试过程中出现的异常现象可能是电路设计不够合理、元器件选择不当或考虑不周所致，这种原理上的欠缺必须通过修改电路设计方案或更换元器件才能解决。

2) 分析查找故障原因的一般方法

(1) 观察判断法。在没有恶性异常现象发生的情况下，可通过观察元器件外表，印制电路板连线，元器件引脚之间有无断路、短路，焊点有无松动或虚焊来发现问题，查找故障。

(2) 测量分析法。有些问题必须通过测量才能发现，如连接导线内部导体开路但外部绝缘层完好，半导体器件击穿或引脚接触不良等，这种情况下就要借助万用表或示波器等仪器通过测量、分析找出产生故障的原因。例如，放大器的静态调试就是利用万用表检查电路的直流工作点或输出端的高低电平以及逻辑关系来发现问题、查找故障的。

(3) 信号寻迹法。在了解电路工作原理、性能指标和各级工作状态的情况下，可采用信号寻迹法来检查排除故障。在电路输入端施加符合要求的信号，用示波器由前级到后级逐级检测各级的输入、输出波形，哪级波形出现异常，故障就出在哪级。

分析、查找故障的方法多样，要迅速、准确地找到故障原因并加以排除，除了要有理论作指导，能熟练使用仪器设备外，丰富的实践经验至关重要，所以要在实践中不断总结、不断积累，才能提高分析和解决问题的能力。

第2章 模拟电子技术基础实验

本章为模拟电子技术基础实验,重点是在巩固和加深理解基本理论知识的基础上,介绍基本实验方法,培养学生观察和分析实验现象的能力,并通过拓展内容的学习,使学生具备一定的工程实践能力。实验内容主要包括晶体管放大器、射极耦合差分放大器、集成运算放大器的线性应用、功率放大器、波形产生电路、集成稳压器的设计与应用。

2.1 晶体管放大器

一、实验目的

(1) 掌握晶体二极管、三极管极性判别方法。
(2) 练习规范的焊接、组装与调试方法。
(3) 掌握放大器静态工作点调试方法和性能指标的测量方法。
(4) 了解负反馈对放大器性能指标的影响。
(5) 学会用 Multisim 仿真实验内容。

二、预习要求

(1) 预习单管共射极放大器和负反馈放大器的基本理论,了解放大器性能指标的测量方法。
(2) 复习晶体管放大器工作原理,了解实验步骤。
(3) 实验放大电路采用 3DG6($\beta = 100$)晶体管,$U_{CC} = 12$ V。参照原理电路设计实验电路,确定放大器的静态工作点,估算电压放大倍数 A_u、输入电阻 R_i 和输出电阻 R_o。
(4) 应用电路设计仿真软件 Multisim 10,对单管共射极放大电路进行仿真设计、分析。

三、实验原理

1. 晶体管测量

1) 晶体二极管

晶体二极管是由一个 P 型半导体和 N 型半导体形成的 PN 结,在两端加上接触引线并以外壳封装而成,接在 P 区的引线为阳极(正极),接在 N 区的引线为阴极(负极)。其结构和电路中常用的表示符号如图 2.1 所示,实物如图 2.2 所示。

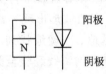

图 2.1　常用二极管的图形符号

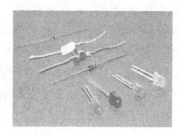

图 2.2　常见二极管的实物图片

（1）二极管的正向特性。在电子电路中，将二极管的正极接在高电位端，负极接在低电位端，二极管就会导通，这种连接方式称为正向偏置。必须说明，当加在二极管两端的正向电压很小时，二极管仍然不能导通，因为流过二极管的正向电流十分微弱；只有当正向电压达到某一数值（这一数值称为"门坎电压"，又称"导通电压"）时，二极管才能真正导通。导通后，二极管两端的电压基本保持不变（锗管为 $0.1\sim0.3$ V，硅管为 $0.5\sim0.7$ V），称为二极管的"正向压降"。

（2）二极管的反向特性。在电子电路中，将二极管的正极接在低电位端，负极接在高电位端，此时二极管中几乎没有电流流过，二极管处于截止状态，这种连接方式称为反向偏置。当二极管处于反向偏置时，仍然会有微弱的反向电流流过二极管，该电流称为漏电流。当二极管两端的反向电压增大到某一数值时，反向电流会急剧增大，二极管将失去单方向导电特性，这种状态称为二极管的击穿。

（3）二极管测量。利用 PN 结的单向导电性，测量正向导通电压的大小（或测量其正反向电阻的大小），就可判断晶体二极管的极性及性能。测试时，可将数字万用表旋到蜂鸣挡，将黑表笔插入"COM"插孔，红表笔插入 V/Ω 插孔（数字万用表红表笔极性为"＋"，黑表笔极性为"－"），并将表笔接到待测二极管两端。如红表笔接二极管正极，黑表笔接二极管负极，则万用表显示为二极管正向导通压降的近似值（硅管为 $0.5\sim0.7$ V，锗管为 $0.1\sim0.3$ V）。

2）晶体三极管

晶体三极管是半导体基本元器件之一，具有电流放大作用，是电子电路的核心元件。三极管是在一块半导体基片上制作两个相距很近的 PN 结，这两个 PN 结把整块半导体分成三部分，中间部分是基区，两侧部分分别是发射区和集电区，排列方式有 PNP 和 NPN 两种。晶体三极管的结构和电路中常用的符号如图 2.3 所示。不论是 NPN 型三极管，还是 PNP 型三极管，在结构上都可以把它们等效成两个背靠背的二极管，如图 2.4 所示。

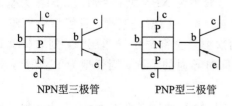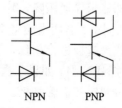

图 2.3　晶体三极管的结构及电路符号　　　　图 2.4　晶体三极管的等效结构

晶体三极管引脚识别方法有以下两种。

（1）用三极管的封装形式进行识别。目前各种类型的晶体三极管有许多种，封装形式和引脚的排列不尽相同。三极管的封装形式是指三极管的外形参数，也就是安装半导体三极管用的外壳。材料方面，三极管的封装形式主要有金属、陶瓷和塑料形式；结构方面，三极管的封装为 TO×××，××× 表示三极管的外形；装配方式有通孔插装（通孔式）、表面安装（贴片式）和直接安装；引脚形状有长引线直插、短引线和无引线贴装等。常用三极管的封装形式有 TO-92、TO-126、TO-3、TO-220 等。图 2.5 给出了几种常用三极管的实物图片和引脚排列。

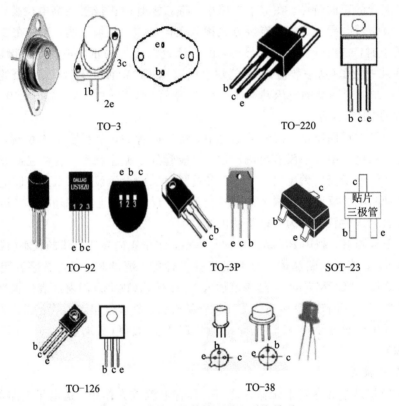

图 2.5 常见三极管的型号和引脚排列

（2）用测量法进行识别。测量步骤是先测定三极管基极，再判定三极管管型和材料，最后测定集电极和发射极。

基极识别：对于任意一只三极管，如图 2.6 所示，引脚排序为 1、2、3，随机选定 1 脚作为基极，数字万用表红表笔接 1 脚，黑表笔分别接 2、3 脚进行测量（结构见图 2.4），若两次测量全部显示导通压降，则 1 脚就是基极，且管型为 NPN 型；否则选 2 脚作为基极进行测量，方法同上，若两次测量全部显示导通压降，则 2 脚就是基极，且管型为 NPN 型；否则选 3 脚作为基极进行测量，方法同上，若两次测量全部显示导通压降，则 3 脚就是基极，且管型为 NPN 型。如果三次测量没有出现同时导通的情况，则管型为 PNP 型，仍按上述方法即可判定三极管基极。

三极管材料识别：在基极识别测量过程中，PN 结导通压降在 0.5～0.7 V，则三极管为硅管；导通压降在 0.1～0.3 V，则三极管为锗管。

图 2.6　三极管测量

集电极和发射极识别：由于三极管正向导通和反向导通时流过电流的大小不同，在确定基极后，在另外两个引脚中任选一个作为集电极（c），按图 2.7 所示连接电路，R 一般选 10 kΩ，数字万用表置电压挡，记录电压值 U_1。调换 c、e，按图 2.7 所示再进行一次测量，记录 U_2。比较 U_1 和 U_2 的大小，电压小的那次测量电路中红表笔所接电极为集电极。

图 2.7　三极管 c、e 识别电路

2. 晶体管单级放大电路

晶体管是一个非线性器件，放大电路为了获得尽可能高的放大倍数，同时又不进入非线性区而产生波形失真，必须选择合适的静态工作点。

1）静态工作点的选取与调整

实验中采用分压式偏置单管共射极放大电路，如图 2.8 所示，它的偏置电路采用由

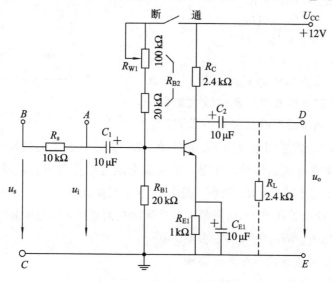

图 2.8　共射极放大电路原理图

R_{B1} 和 R_{B2} 组成的基极分压电路，并在发射极中接有 R_{E1}，以稳定放大器的静态工作点。当在放大器的输入端加入信号 u_i 后，在放大器的输出端得到一个与 u_i 相位相反、幅值被放大的输出信号 u_o，从而实现电压放大。

静态工作点常选直流负载线的中点，即 $U_{CE}=U_{CC}/2$ 或 $I_C=I_{CS}/2$（$I_{CS}=U_{CC}/R_C$ 为集电极饱和电流），这样可以获得最大的输出动态范围，如图 2.9 所示。

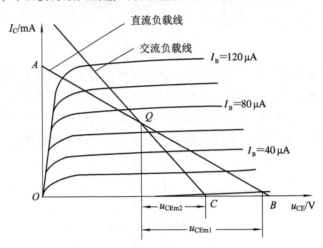

图 2.9　从最优动态范围选择静态工作点

反映最大输出动态范围的参数是最大不失真电压 u_{CEm}。图 2.9 中空载时最大不失真电压是 u_{CEm1}，带载时的最大不失真电压是 u_{CEm2}。在同一个静态工作点 Q 下，$u_{CEm1} > u_{CEm2}$。

单管共射极放大电路的直流通路如图 2.10 所示。开路电压 U_{BB} 和内阻 R_B' 分别为

$$U_{BB} = \frac{R_{B2}}{R_{B1}+R_{B2}}U_{CC}$$

$$R_B' = R_{B1} \,/\!/\, R_{B2}$$

$$I_{BQ} = \frac{U_{BB}-U_{BEQ}}{R_B'+(\beta+1)R_{E1}}$$

$$U_{CEQ} \approx U_{CC} - (R_C+R_{E1})I_{CQ}$$

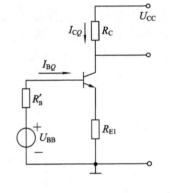

图 2.10　单管共射极放大电路的直流通路

可见，静态工作点与电路元件参数 U_{CC}、R_C、R_{B1}、R_{B2} 及晶体管的 β 值有关。实际放大电路中，静态工作点的调整通常通过改变偏置电阻 R_{B2} 来实现，所以偏置电阻 R_{B2} 常选用电位器 R_{W1} 来代替。为了防止在调整的过程中，将电位器阻值调得过小使 I_C 过大而烧坏晶体管，可用一只固定电阻与电位器 R_{W1} 串联得到 R_{B2}。R_{W1} 调大，则 I_{CQ} 变小，工作点降低；R_{W1} 调小，则 I_{CQ} 变大，工作点升高。

工程实践中，静态工作点 I_{CQ} 的测量一般采用间接测量法，即先测晶体管发射极 e 对地的电压 U_E，再利用 $I_{CQ} \approx I_{EQ}=U_E/R_{E1}$ 求得 I_{CQ}。

2）静态工作点对输出波形失真的影响

电压放大器的基本要求是：在输出电压波形基本不失真的情况下，有足够的电压放大倍数。也就是说，放大器中的晶体管必须工作在线性放大区，这一要求可以通过静态电路

的设置来满足。由图 2.9 可见，静态工作点的位置决定了最大动态范围。当静态工作点设置不当或输入信号过大时，放大器的输出电压会产生非线性失真。若工作点偏高，则放大器在加入交流信号以后易产生饱和失真，此时 u_o 的负半周将被削底，如图 2.11(a)所示；若工作点偏低，则易产生截止失真，即 u_o 的正半周被压缩，如图 2.11(b)所示。一般截止失真不如饱和失真明显。

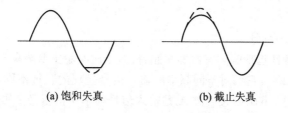

(a) 饱和失真 (b) 截止失真

图 2.11 静态工作点对 u_o 波形的影响

3) 放大电路的电压放大倍数(A_u)、输入电阻(R_i)、输出电阻(R_o)

电压放大器的放大能力用电压放大倍数 A_u 来表示，即

$$A_u = \frac{u_o}{u_i}$$

式中：u_o 为输出信号电压；u_i 为输入信号电压。u_o 和 u_i 可用交流毫伏表测得，示波器用来观察输入和输出信号电压波形及其相位关系，也可用示波器测得 u_o 和 u_i 的幅值。

放大器输入电阻 R_i 的大小反映放大器消耗前级信号功率的大小。为了测量放大器的输入电阻，将图 2.8 简化成图 2.12，在被测放大器的输入端与信号源之间串入一个已知电阻 R_s，加入交流电压 u_s，在放大器正常工作的情况下，用交流毫伏表测出 u_s 和 u_i，然后计算输入电阻，即

$$R_i = \frac{u_i}{i_i} = \frac{u_i}{u_{R_s}/R_s} = \frac{u_i}{u_s - u_i}R_s$$

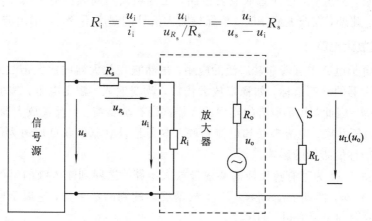

图 2.12 输入、输出电阻测量电路

注意：由于电阻 R_s 两端没有电路公共接地点，所以测量 R_s 两端电压 u_{R_s} 时必须先分别测出 u_s 和 u_i，然后按 $u_{R_s} = u_s - u_i$ 求出 u_{R_s} 值；电阻 R_s 的值不宜取得过大或过小，以免产生较大的测量误差，通常取 R_s 与 R_i 为同一数量级为好，本实验可取 $R_s = 10\ \text{k}\Omega$。

放大器输出电阻 R_o 的大小反映了放大器带动负载的能力。R_o 越小，放大器输出等效电路就越接近于恒压源，带负载的能力就越强。由戴维南定理可得到如图 2.12 所示的输出等

效电路，在放大器正常工作的条件下，测出输出端不接负载 R_L 的输出电压 u_o 和接入负载后的输出电压 u_L，根据

$$u_L = \frac{R_L}{R_o + R_L} u_o$$

即可求出输出电阻

$$R_o = \left(\frac{u_o}{u_L} - 1 \right) R_L$$

4）放大电路的频率特性

放大电路的频率特性包括幅频特性和相频特性，本次实验主要测量放大电路的幅频特性。放大电路中包含阻容元件，它们对不同频率的输入信号呈现的阻抗不同，使得电路对不同频率信号的放大能力不同，电压放大倍数 A_u 是输入信号频率 f 的函数。如图 2.13 所示，$|A_{um}|$ 为中频电压放大倍数。通常规定电压放大倍数随频率变化下降到中频放大倍数的 $1/\sqrt{2}$ 倍，即 $0.707|A_{um}|$ 所对应的频率分别称为下限频率 f_L 和上限频率 f_H，通频带 BW $= f_H - f_L$。

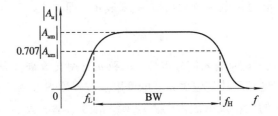

图 2.13　幅频特性曲线

测绘放大电路的幅率特性可采用前述测 A_u 的方法，每改变一个信号频率，测量其相应的电压放大倍数。测量时，应注意取点要恰当，在低频段与高频段应多测几点，在中频段可以少测几点。此外，在改变频率时，要保持输入信号的幅度不变，且输出波形不得失真。

3. 负反馈放大电路

负反馈在电子电路中有着非常广泛的应用，虽然它使放大器的放大倍数降低，但能在多方面改善放大器的动态指标，如稳定放大倍数，改变输入、输出电阻，减小非线性失真和展宽通频带等。因此，几乎所有的实用放大器都带有负反馈。负反馈放大器有四种组态，即电压串联、电压并联、电流串联和电流并联。本实验以电流串联负反馈为例，分析负反馈对放大器各项性能指标的影响。

实验电路图 2.14 为带有负反馈的共射极放大电路，送回到输入级的反馈信号是电阻 R_{F1} 上的电压信号 u_f，即 $u_f = i_E R_{F1} \approx i_C R_{F1}$，根据反馈的判断法可知，它属于电流串联负反馈，对放大器的影响主要有以下几点。

（1）闭环电压放大倍数：

$$A_f = \frac{A_u}{1 + A_u F}$$

其中：A_u 为基本放大电路增益（即开环增益）；F 为反馈系数，即

$$F = \frac{u_f}{i_o} = R_{F1}$$

注意：反馈深度 $1 + A_u F$ 大小决定了负反馈对放大器性能改善的程度。由上述公式可

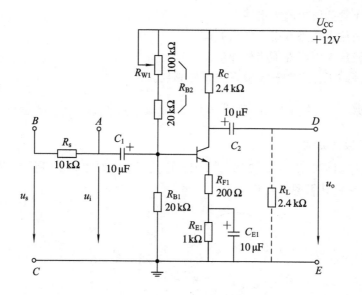

图 2.14 带有电流串联负反馈的共射极放大电路

知闭环电压放大倍数降低了 $1/(1+A_uF)$。

（2）输入电阻：

$$R_{if} = (1+A_uF)R_i$$

其中：R_i 是基本放大器的输入电阻。可见，引入负反馈后，输入电阻增加了 $1+A_uF$ 倍。

（3）输出电阻：

$$R_{of} = (1+A_{uo}F)R_o$$

其中：R_o 是基本放大器的输出电阻；A_{uo} 是基本放大电路在负载开路时的增益。可见，引入负反馈后，其输出电阻增加了 $1+A_{uo}F$ 倍。

（4）引入负反馈扩展了放大器的通频带，减小了非线性失真。

四、实验仪器

本次实验需要的实验仪器如表 2.1 所示。

表 2.1　实　验　仪　器

序号	仪　器　名　称	功　能　作　用	数量
1	双踪示波器	观测输入/输出波形及电压	1
2	函数信号发生器	提供输入信号	1
3	数字万用表	测量静态工作点电压	1
4	多功能实验板	搭建电路	1

五、实验内容

（1）晶体三极管测试。

（2）焊接单管共射极放大电路。

（3）共射极放大电路静态工作点调试。

（4）共射极放大电路性能指标测试。

（5）观察静态工作点对输出波形失真的影响。

六、实验步骤

1. 晶体三极管测试

晶体三极管 3DG6（$\beta=50\sim100$）或 9011 的引脚排列如图 2.15 所示。用数字万用表识别出 b、c、e，判定其管型和材料。

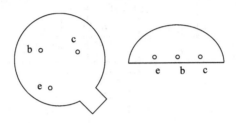

图 2.15　三极管的引脚排列

2. 焊接单管共射极放大电路

单管共射极放大电路实验板如图 2.16 所示，电路中 R_{F1} 不接入。

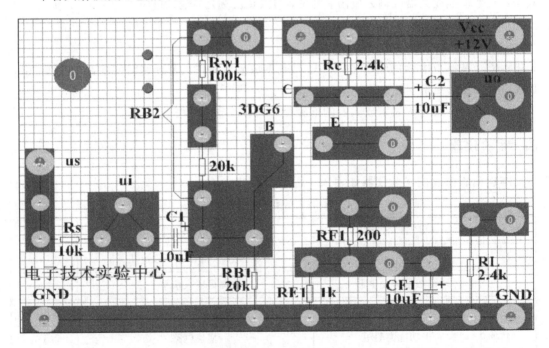

图 2.16　单管共射极放大电路实验板

3. 共射极放大电路静态工作点调试

（1）检查电路无误，先将 R_{W1} 调至最大。

（2）接通＋12 V电源，调节 R_{W1}，使 $I_C=2.0$ mA（即 $U_E=2.0$ V），用万用表测量 U_B、U_E、U_C 及 R_{B2} 的值，记入表2.2。

表2.2　静态工作点测试

测 量 值				计 算 值		
U_B/V	U_E/V	U_C/V	R_{B2}/kΩ	U_{BE}/V	U_{CE}/V	I_C/mA

4. 共射极放大电路性能指标测试

（1）测量电压放大倍数。在放大器输入端加入频率为1 kHz的正弦信号 u_s，调节函数信号发生器的输出旋钮使放大器输入电压 $u_i\approx10$ mV，同时用示波器观察放大器输出电压 u_o 波形，保证输出波形不失真。在给定条件下，测量表2.3中所示四种情况下的 u_o 值。

表2.3　$I_C=2.0$ mA，$u_i=10$ mV 时的实验测量数据

反　馈	R_L/kΩ	u_o/V	A_u
无负反馈 （不接 R_{F1}）	2.4		
	10		
有负反馈 （接入 R_{F1}）	2.4		
	10		

（2）测量输入电阻（R_i）和输出电阻（R_o）。置 $R_L=2.4$ kΩ，$I_C=2.0$ mA。输入 $f=1$ kHz 的正弦信号，在输出电压 u_o 不失真的情况下，测量 u_s、u_i 和 u_L，保持 u_s 不变，断开 R_L，测量输出电压 u_o，记入表2.4。

表2.4　输入、输出电阻测量

反　馈	u_s/mV	u_i/mV	R_i/kΩ	u_L/V	u_o/V	R_o/kΩ
无负反馈 （不接 R_{F1}）						
有负反馈 （接入 R_{F1}）						

（3）共射极放大电路幅频特性测试。取 $I_C=2.0$ mA，$R_C=2.4$ kΩ，$R_L=2.4$ kΩ。保持输入信号 $u_i=10$ mV 不变，按表2.5，以 $f=1$ kHz 为中心频率，分别向上和向下调节信号源频率 f，测出放大电路有无反馈时的 f_L 和 f_H，并绘出幅频特性曲线。

表 2.5　幅频特性曲线数据

序　号		1	2	3	4	5	f_0	7	8	9	10	11
f/kHz				f_L			1.0			f_H		
无反馈	u_o/V											
	A_u											
有反馈	u_of/V											
	A_f											

5. 观察静态工作点对输出波形失真的影响

（1）置 $R_\text{L}=2.4\ \text{k}\Omega$，$u_\text{i}=0$，调节 R_W1 使 $I_\text{C}=2.0\ \text{mA}$，电路中 R_F1 不接入，测出 U_CE 的值；再逐步加大输入信号，使输出电压 u_o 足够大但不失真，绘出 u_o 的波形，记入表 2.6 中。

（2）保持上述输入信号不变，分别增大和减小 R_W1，使波形出现失真，分别绘出 u_o 的波形，并测出失真情况下 I_C 和 U_CE 的值，记入表 2.6 中。

注意：每次测 I_C 和 U_CE 的值时都要将信号源的输出旋钮旋至零。

表 2.6　静态工作点对输出波形的影响

I_C/mA	U_CE/V	u_o波形	失真情况	三极管工作状态
2.0				

七、思考题

（1）如果测量时发现放大倍数远小于计算值，可能是什么原因造成的？

（2）测量放大器输入电阻时，若串联电阻阻值比输入电阻阻值大很多或小很多，对测量结果有何影响？

（3）本次实验中，输出波形出现削底时是什么失真？

八、实验报告要求

（1）画出实验电路，整理数据，并画出波形和幅频特性曲线。

（2）分析静态工作点的位置对放大电路输出电压波形的影响。

（3）讨论负反馈对放大电路电压放大倍数、输入电阻、输出电阻及幅频特性的影响。

九、知识拓展

如图 2.17 所示为带有负反馈的两级阻容耦合放大电路，图中 R_1、C_4、C_5 和 R_2、C_6、C_7 组成两个 RC 低通滤波器，对电源进行去耦滤波，电路中通过 R_f 把输出电压 u_o 引回到输入端，加在晶体管 V_1 的发射极上，在发射极电阻 R_{F1} 上形成反馈电压 u_f。根据反馈的判断法可知，它属于电压串联负反馈。

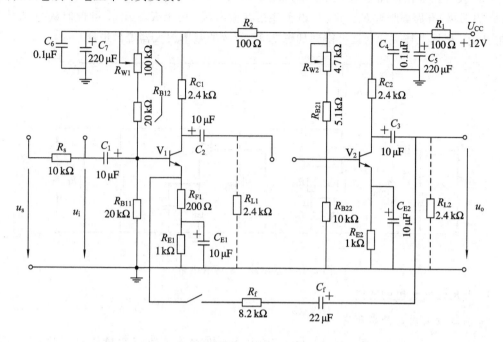

图 2.17 两级阻容耦合负反馈放大电路

1. 电压串联负反馈对放大器性能指标的影响

（1）闭环电压放大倍数：

$$A_f = \frac{A_u}{1 + A_u F}$$

其中：$A_u = u_o/u_i$ 是基本放大器的电压放大倍数；$1 + A_u F$ 为反馈深度，它的大小决定了负反馈对放大器性能改善的程度。

（2）反馈系数：

$$F = \frac{R_{F1}}{R_f + R_{F1}}$$

（3）输入电阻：

$$R_{if} = (1 + A_u F) R_i$$

（4）输出电阻：

$$R_{of} = \frac{R_o}{1 + A_{uo} F}$$

其中：R_o 是基本放大器的输出电阻；A_{uo} 是基本放大器 $R_L = \infty$ 时的电压放大倍数。

2. 基本放大器等效电路

本实验需要测量基本放大器的动态参数，怎样实现无反馈而得到基本放大器呢？不能简单地断开反馈支路，而是要去掉反馈作用，但又要把反馈网络的影响（负载效应）考虑到基本放大器中去。

（1）放大器输入回路等效。由于是电压负反馈，因此可将负反馈放大器的输出端交流短路，即令 $u_o=0$，此时 R_f 相当于并联在 R_{F1} 上。

（2）放大器输出回路等效。由于输入端是串联负反馈，因此需将反馈放大器的输入端（V_1 管的射极）开路，此时 R_f+R_{F1} 相当于并接在输出端。由于 $R_f \gg R_{F1}$，可近似认为 R_f 并接在输出端。根据上述规律，就可得到如图 2.18 所示的基本放大器等效电路。

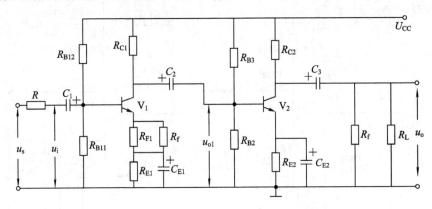

图 2.18　基本放大器等效电路

3. 负反馈放大器的研究

1）两级放大器的静态研究

调节 R_{W1}、R_{W2} 使 $U_{E1}=1.2$ V、$U_{E2}=2.0$ V，按表 2.7 所示测量各点电压，并计算 I_{E1}、I_{E2}。

表 2.7　静态工作点测试

放大器	U_B/V	U_E/V	U_{CE}/V	I_E/mA
第一级				
第二级				

2）开环电压放大倍数和输出电阻的测量

在图 2.18 所示等效电路中，加入 $U_i=1$ mV、$f=1$ kHz 的正弦信号，用示波器观察 u_{o1}、u_o 的波形，在输出波形不失真和无振荡的情况下，按表 2.8 所示测量 U_i、U_{o1}、U_o 波形，并计算 A_{u1}、A_{u2}、A_u 和 R_o。

表 2.8　开环电压放大倍数和输出电阻的测量

条　件	U_i/V	U_{o1}/V	U_o/V	A_{u1}	A_{u2}	A_u	R_o/Ω
$R_L=\infty$	0.001						
$R_L=2.4$ kΩ	0.001						

R_o的计算公式为

$$R_o = \left(\frac{U_{oo}}{U_{oL}} - 1\right) \times R_L$$

式中：U_{oo}是放大器输出空载时的输出电压；U_{oL}是加负载R_L时的输出电压。

3）闭环研究

引入电压串联负反馈，如图 2.17 所示。

（1）闭环电压放大倍数和输出电阻的测量。输入 $U_i = 1\ \text{mV}$、$f = 1\ \text{kHz}$ 的正弦信号，按表 2.9 所示分别测量 $R_L = \infty$、$R_L = 2.4\ \text{k}\Omega$ 时的 U_o 值，计算 A_f、R_o。根据实测结果，说明电压串联负反馈对电压放大倍数和输出电阻的影响。

表 2.9 闭环电压放大倍数测量

条　件	U_i/V	U_o/V	A_f	R_o/Ω
$R_L = \infty$	0.001			
$R_L = 2.4\ \text{k}\Omega$	0.001			

（2）输入电阻的测量。如图 2.17 所示，输入回路串入电阻 $R_s = 10\ \text{k}\Omega$，则有

$$U_{R_s} = U_s - U_i$$

$$R_i = \frac{U_i}{I_i} = \frac{U_i}{\dfrac{U_R}{R_s}} = R_s \times \frac{U_i}{U_s - U_i}$$

按表 2.10 给定条件，调整信号源输出使 $U_s = 10\ \text{mV}$，测量 U_i，计算 R_i。

表 2.10 输入电阻测量

条　件	U_s/V	U_i/V	R_i/Ω
开环			
闭环			

根据测量结果，说明电压串联负反馈对放大器输入电阻的影响。

（3）通频带测量。给定输入信号 $U_i = 1\ \text{mV}$ 保持不变，改变输入信号频率，用交流毫伏表或示波器监测 u_o 的变化情况，找出放大电路开环和闭环时的上限、下限截止频率 f_H、f_L，根据测量结果，说明电压串联负反馈对放大器通频带的影响。

2.2 射极耦合差分放大器

一、实验目的

（1）掌握差分放大器静态工作点的调整与测试方法。

（2）熟悉差分放大器的工程估算方法。

（3）掌握射极耦合差分放大器性能指标的测试方法。

二、预习要求

（1）复习差分放大器的相关理论知识。

（2）根据理论知识对实验电路的静态工作点、电压放大倍数等性能指标进行工程估算。

三、实验原理

差分放大器是一种特殊的直接耦合放大器，是模拟电路基本单元电路之一，它具有放大差模信号、抑制共模干扰信号和有效抑制零点漂移的功能。图 2.19 是差分放大电路的基本结构，它由两个元件参数基本相同的共射极放大电路组成。差分放大器有两个输入端，分别接有信号 u_{i1}、u_{i2}，输出端信号为 u_o。一般情况下，输出端电压与输入端的差模信号 u_{id} 和共模信号 u_{ic} 有关，其中：

$$u_{id} = u_{i1} - u_{i2}$$

$$u_{ic} = \frac{u_{i1} - u_{i2}}{2}$$

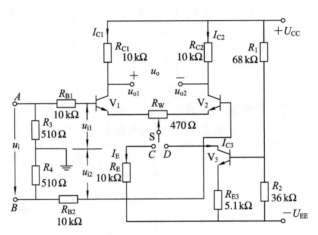

图 2.19　差分放大电路

在电路完全对称的情况下，可用叠加原理得到输出电压为

$$u_o = A_{ud} u_{id} - A_{uc} u_{ic}$$

式中：$A_{ud} = u_{od}/u_{id}$ 为差模电压增益；$A_{uc} = u_{oc}/u_{ic}$ 为共模电压增益。

当开关 S 拨向 C 点时 R_E 接入电路，构成典型的差分放大电路，调零电位器 R_W 用来调节 V_1、V_2 管的静态工作点，使输入信号 $u_i = 0$ 时，双端输出电压 $u_o = 0$。R_E 为两管共用的发射极电阻，它对差模信号无负反馈作用，因此不影响差模电压放大倍数，但对共模信号有较强的负反馈作用，故可以有效地抑制零漂，稳定静态工作点。当开关 S 拨向 D 点时 V_3 接入电路，构成具有恒流源的差分放大电路，用有源负载取代发射极电阻 R_E，可以进一步提高差分放大器对共模信号的抑制能力。

集成运算放大器几乎都采用差分放大器作为输入级，这种对称的放大器有两个输入端和两个输出端，根据电路的结构可分为双端输入双端输出、双端输入单端输出、单端输入单端输出、单端输入双端输出四种连接方式。

1. 静态工作点的工程估算

当 S 拨向 C 点电路接入 R_E 时，有

$$I_E = \frac{|U_{EE}| - U_{BE}}{R_E + R_{B1} \; /\!/ \; R_{B2}}$$

$$I_{C1} = I_{C2} = \frac{1}{2} I_E$$

当 S 拨向 D 点电路接入恒流源时，有

$$I_{C3} \approx I_{E3} \approx \frac{R_2}{R_1 + R_2} \times \frac{U_{CC} + |U_{EE}| - U_{BE}}{R_{E3}}$$

$$I_{C1} = I_{C2} = \frac{1}{2} I_{C3}$$

2. 静态工作点的调试

差分放大器要求电路两边的元器件完全对称，即两管型号相同、特性相同及各对应电阻值相等，但实际中总是存在元器件不匹配的情况，从而产生失调漂移，即 $u_i = 0$ 时，双端输出电压 $u_o \neq 0$。为了消除失调漂移，实验电路采用发射极调零电路来调节电路的对称性。所以，静态工作点调整就是调节 R_W，使输入信号 $u_i = 0$ 时，双端输出电压 $u_o = 0$。

静态工作点的测量就是测出三极管各电极对地的直流电压 U_{BQ}、U_{EQ}、U_{CQ}，从而计算得到 U_{CEQ}、I_{CQ}。而测量直流电流时，通常采用间接测量法测量，即通过直流电压来计算直流电流。这样既可避免变更电路，同时操作也简单。

3. 电压放大倍数

差分放大器有差模和共模两种工作方式，所以电压放大倍数也分为差模电压放大倍数 A_{ud} 和共模电压放大倍数 A_{uc}。

在差模工作方式下，$u_{i1} = u_{i2} = u_{id}/2$，差模输出端 u_{o1} 是反相输出端，差模输出端 u_{o2} 是同相输出端，差模电压放大倍数 A_{ud} 由输出方式决定，与输入方式无关。所以，差模电压放大倍数 A_{ud} 为

$$A_{ud} = |A_{ud1}| + |A_{ud2}| = \frac{u_o}{u_{id}}$$

其中：

$$A_{ud1} = \frac{u_{o1}}{u_{id}} = -\frac{u_{o2}}{u_{id}} = -A_{ud2}$$

在共模工作方式下，共模输出端 u_{o1} 和 u_{o2} 均为反相输出端，所以共模电压放大倍数 A_{uc} 为

$$A_{uc} = |A_{uc1} - A_{uc2}| = \frac{u_{oc}}{u_{ic}} = \frac{u_{oc1} - u_{oc2}}{u_{ic}} \approx 0$$

其中：

$$A_{ud1} = \frac{u_{oc1}}{u_i} = \frac{u_{oc2}}{u_i} = A_{uc2}$$

4. 共模抑制比 K_{CMR}

为了说明差分放大电路对共模信号的抑制能力，常用共模抑制比 K_{CMR} 作为一项技术指标来衡量，其定义为放大电路对差模信号的放大倍数 A_{ud} 与对共模信号的放大倍数 A_{uc} 之比的绝对值，即

$$K_{CMR} = \left| \frac{A_{ud}}{A_{uc}} \right|$$

或

$$K_{CMR} = 20 \lg \left| \frac{A_{ud}}{A_{uc}} \right| \text{dB}$$

差模电压增益越大，共模电压增益越小，则共模抑制能力越强，放大器性能越优良。

5. 频率响应

差分放大器的频率响应与共射极放大电路的基本相同，但因差分放大电路采用直接耦合，因此具有极好的低频响应。

6. 输入、输出电阻

差分放大器差模输入电阻远小于测量仪表的内阻，所以输入、输出电阻测试采用图 2.12 所示的测试法。通过测量电压，计算输入、输出电阻。

7. 差模传输特性的测量

差模传输特性是指在差分放大器差模信号输入时，输出电流随输入电压 u_{id} 的变化规律。由于在电路确定以后，输出电流 i_{C1}（或 i_{C2}）与输出电压 u_{o1}（或 u_{o2}）的变化规律完全相同，而测量电压比测量电流更为方便，所以实验中一般采用示波器测量差模传输特性曲线。差分放大器的单端输出差模传输特性曲线如图 2.20 所示。

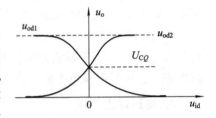

图 2.20　单端输出差模传输特性曲线

四、实验仪器

本次实验需要的实验仪器如表 2.11 所示。

表 2.11　实 验 仪 器

序号	仪 器 名 称	功 能 作 用	数量
1	双踪示波器	观测输入/输出波形及电压	1
2	函数信号发生器	提供输入信号	1
3	数字万用表	测量电源电压、直流静态工作点电压	1
4	实验模块	搭建电路	1

五、实验内容

（1）调试静态工作点。

（2）测试差模电压放大倍数及输入、输出电阻。

（3）测试共模电压放大倍数。

（4）测试差分放大器频率特性曲线。

（5）测量差模传输特性。

六、实验步骤

1. 调试静态工作点

（1）将输入端 A、B 接地，正确接入 ±12 V 电源。

（2）当开关 S 分别置于 C、D 时，调整 R_W 使三极管 V_1、V_2 的集电极电压相等，测量三极管 V_1、V_2 的各极电压，将测量结果记录于表 2.12 中。

表 2.12　静态工作点测试

测试条件	电路形式	三极管	测 试 数 据			计 算 数 据		
			U_{BQ}/V	U_{CQ}/V	U_{EQ}/V	U_{CEQ}/V	U_{BEQ}/V	I_{CQ}/mA
$U_{C1}=U_{C2}$	接入 R_E	V_1						
		V_2						
	接入 V_3	V_1						
		V_2						

2. 测试差模电压放大倍数 A_{ud}

1）输入交流信号

使电路处于差模输入状态。信号源在放大器输入端 A、B 间输入 $f=1$ kHz、$U_i=100$ mV 的正弦信号，此时信号源浮地。放大电路两个输出端分别接示波器 CH$_1$、CH$_2$ 通道，在输出波形不失真的情况下，测量开关 S 置于 C 和 D 两种位置时的输出电压 u_{od1}、u_{od2} 及 u_{od}，将测量结果记录于表 2.13 中，计算相关数据；观察并记录输入信号 u_i 与输出信号 u_{od1}、u_{od2} 之间的相位关系，绘制相应波形。

表 2.13　测试输入交流信号时的差模电压放大倍数

电路形式	测 试 数 据				计 算 数 据		
	U_i/mV	u_{od1}/V	u_{od2}/V	u_{od}/V	A_{ud1}	A_{ud2}	A_{ud}
接入 R_E							
接入 V_3							
波形	u_i			u_{od1}			u_{od2}

2) 输入直流信号

选取 −5～+5 V 可连续调节直流电压源，将其接入差分放大器输入端 A、B 间，调节电压源输出使 $U_i = 1$ V，测量开关 S 置于 C 和 D 两种位置时的 U_{od1}、U_{od2} 及双端输出 U_o，将测量结果记录于表 2.14 中。

注意：

$$U_{od1} = U_{C1} - U_{C1Q}$$
$$U_{od2} = U_{C2} - U_{C2Q}$$

表 2.14　测试输入直流信号时的差模电压放大倍数

电路形式	测 试 数 据/V				计 算 数 据		
	U_i	U_{od1}	U_{od2}	U_{od}	A_{ud1}	A_{ud2}	A_{ud}
接入 R_E							
接入 V_3							

3. 测试共模电压放大倍数 A_{uc}

1) 输入交流信号

将放大器输入端 A、B 短接，使电路处于共模输入状态。信号源在放大器输入端 A、B 与地间输入 $f = 1$ kHz、$U_i = 300$ mV 的共模正弦信号，此时信号源浮地。在输出波形不失真的情况下，测量开关 S 置于 C 和 D 两种位置时的输出电压 u_{oc1}、u_{oc2} 及 u_{oc}，将测量结果记录于表 2.15 中，计算相关数据；观察并记录输入信号 u_i 与输出信号 u_{oc1}、u_{oc2} 之间的相位关系，绘制相应波形。

表 2.15　测试输入交流信号时的共模电压放大倍数

电路形式	测 试 数 据/mV			计 算 数 据			
	U_i	u_{oc1}	u_{oc2}	u_{oc}	A_{uc1}	A_{uc2}	A_{uc}	K_{CMR}
接入 R_E							
接入 V_3							
波形	u_i		u_{oc1}		u_{oc2}		

2) 输入直流信号

将放大器输入端 A、B 短接，使电路处于共模输入状态。选取 −5～+5 V 可连续调节直流电压源，将其接入放大器输入端 A、B 与地间，调节电压源使 $U_i = 1$ V，测量开关 S 置

于 C 和 D 两种位置时的输出电压 U_{oc1}、U_{oc2} 及 U_{oc}，将测量结果记录于表 2.16 中，计算相关数据。

注意：

$$U_{oc1} = U_{C1} - U_{C1Q}$$
$$U_{oc2} = U_{C2} - U_{C2Q}$$

表 2.16 测试输入直流信号时的共模电压放大倍数

电路形式	测 试 数 据/V				计 算 数 据			
	U_i	U_{oc1}	U_{oc2}	U_{oc}	A_{uc1}	A_{uc2}	A_{uc}	K_{CMR}
接入 R_E								
接入 V_3								

4. 测试差模输入电阻 R_{id}

如图 2.21 所示，在信号源与差分放大器输入端之间串入一个电阻 $R_s = 2\ \text{k}\Omega$，输入 $f = 1\ \text{kHz}$、$U_s = 100\ \text{mV}$ 的正弦信号，在输出波形不失真的情况下，开关 S 分别置于 C、D 时测量 U_i，将测量结果记录于表 2.17 中，计算 R_{id}。测试完成后恢复原电路。

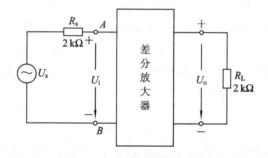

图 2.21 差分放大器输入、输出电阻测量电路

表 2.17 测试差模输入电阻

电路形式	测 试 数 据		计 算 数 据
	U_s/mV	U_i/mV	$R_{id}/\text{k}\Omega$
接入 R_E			
接入 V_3			

5. 测试差模双端输出电阻 R_{od}

如图 2.21 所示，输入 $f = 1\ \text{kHz}$、$U_s = 100\ \text{mV}$ 的正弦信号，在输出波形不失真的情况下，开关 S 分别置于 C、D 时，测量差分放大器空载输出电压 U_o 和带载时的输出电压 U_L，

将测量结果记录于表 2.18 中，计算 $R_{od} = \left(\dfrac{u_o}{u_L} - 1 \right) \times R_L$。

表 2.18 测试差模双端输出电阻

电路形式	测 试 数 据			计 算 数 据
	R_L	U_o/mV	U_L/mV	R_{od}/kΩ
接入 R_E	∞			
接入 V_3				
接入 R_E	2 kΩ			
接入 V_3				

6. 测试差分放大器频率特性曲线

参照 2.1 节中共射极放大电路频率特性曲线测试方法进行测试，自拟实验步骤和测试内容。

7. 测量差模传输特性

使电路处于差模输入状态。输入 $f = 1\ \text{kHz}$ 的正弦信号，用示波器的 $X\text{-}Y$ 模式观察输入信号与输出信号的相位关系，并逐渐加大输入信号幅度，使输出进入限幅区，即可观察到完整的传输特性曲线。从曲线上测量静态工作点 U_{CQ}、线性范围、差模电压增益等性能指标，记录差模传输特性曲线。

七、思考题

（1）测试静态工作点时，差分放大器输入端 A、B 和电源的地如何连接？

（2）实验中怎样获得差模信号和共模信号？画出 A、B 端与信号源之间的电路连接图。

八、实验报告要求

（1）整理实验数据，绘制相应波形。

（2）通过测量结果，说明电阻 R_E 和恒流源负载对差分放大器的作用。

（3）总结差分放大器的特点。

九、知识拓展

仪用放大器(Instrumentation Amplifier)又称测量放大器或数据放大器，是差分放大器的典型应用，广泛用于信号调理、精密测量、工业现场数据采集和信号的预处理等领域。

1. 仪用放大器的原理

仪用放大器的电路结构如图 2.22 所示，该电路由 3 个运放组成，信号由运放 A_1、A_2 的同相输入端输入，电路为高度对称的差动结构，输入阻抗很大，共模抑制比 K_{CMR} 很高，有利于抑制共模干扰，电路依靠调节 R_P 改变增益，使用非常方便。

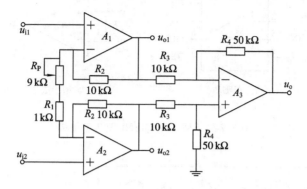

图 2.22　仪用放大器电路结构

该电路的电压增益 A_u 为

$$A_u = \frac{u_o}{u_{i2} - u_{i1}} = \frac{u_{o2} - u_{o1}}{u_{i2} - u_{i1}} \times \frac{u_o}{u_{o2} - u_{o1}}$$

$$= A_{u2} \times A_{u3} = \left(1 + \frac{2R_2}{R_G}\right) \times \frac{R_4}{R_3}$$

其中，$R_G = R_P + R_1$。

若 R_2、R_3、R_4 全部集成在芯片内部，则只需改变外接电阻 R_G 就可达到调节放大器增益的目的，如图 2.23 所示。

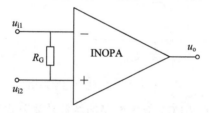

图 2.23　集成仪用放大器

三运放构成的仪用放大器的共模抑制比 K_{CMR} 为

$$K_{CMR} = \frac{A_{u12} \times K_{CMR3} \times K_{CMR12}}{A_{u12} \times K_{CMR3} + K_{CMR12}} = \frac{K_{CMR3} \times K_{CMR12}}{K_{CMR3} + \frac{K_{CMR12}}{A_{u12}}}$$

其中：A_{u12} 表示运放 A_1、A_2 的闭环增益；K_{CMR3} 表示运放 A_3 的共模抑制比；K_{CMR12} 表示运放 A_1、A_2 的共模抑制比。由上式可见，为提高总的共模抑制比，A_{u12} 要尽量大些，增益分配上要尽量由 A_1、A_2 承担，所以在集成芯片上，一般取 $R_3 = R_4 = R$，$A_3 = 1$，而总增益

$$A_u = A_{u12} = 1 + \frac{2R_2}{R_G}$$

2. 仪用放大器 AD620

1）功能介绍及典型接法

AD620 是一个依靠外接电阻 R_G 实现增益调节的低价格、低功耗、精密型仪用放大器，其引脚如图 2.24(a) 所示，典型接法如图 2.24(b) 所示。AD620 的简化原理图如图 2.25 所示。

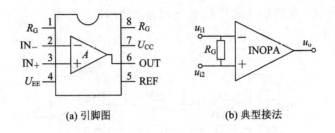

(a) 引脚图 (b) 典型接法

图 2.24 AD620 的引脚图及典型接法

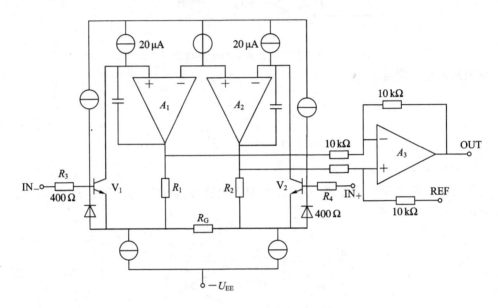

图 2.25 AD620 的简化原理图

图 2.25 中, $R_1 = R_2 = 24.7$ kΩ, 故该电路的增益计算公式为

$$A_u = G = 1 + \frac{2R_1}{R_G} = 1 + \frac{49.4(\text{k}\Omega)}{R_G}$$

根据增益要求, 即可计算出相应的电阻 R_G 为

$$R_G = \frac{49.4}{G-1} \text{ k}\Omega$$

图 2.26 给出了 AD620 增益调节电路。

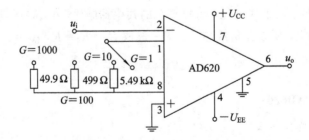

图 2.26 AD620 增益调节电路

2）主要参数

（1）增益范围：1～10 000。

（2）电源范围：$U_{CC}=U_{EE}=\pm 2.3\sim\pm 18$ V。

（3）输入失调电压：$U_{os}=35\sim 125$ μV。

（4）输入失调电流：$I_{os}=0.3\sim 1$ nA。

（5）输入偏置电流：$I_b=0.5\sim 2$ nA。

（6）输入阻抗：$Z_{in}=10$ GΩ/2 pF。

（7）共模抑制比：

$K_{CMR}=70\sim 90$ dB$(G=1)$；

$K_{CMR}=93\sim 110$ dB$(G=10)$；

$K_{CMR}=110\sim 130$ dB$(G=100)$；

$K_{CMR}=110\sim 130$ dB$(G=1000)$。

（8）小信号-3 dB带宽和压摆率：

$BW_{G=1}=1000$ kHz；

$BW_{G=10}=120$ kHz；

$BW_{G=100}=80$ kHz；

$BW_{G=1000}=12$ kHz。

3．实际应用

1）压力测量（称重计量）

可以用桥式压力传感器作为称重传感器，电路如图 2.27 所示。电路使用 5 V 单电源供电，总电流为 3.8 mA。AD620 的低漂移、低噪声、低价格，可构成很好的称重仪表。桥式压力传感器输出电压经 AD620 放大 100 倍后送到 A/D 转换器数字化。图中精密单电源运算放大器 AD705 将 1 V 电压缓冲后分别送到 AD620 的参考端（引脚 5）及 A/D 转换器的模拟地，以完成电平配置；同时，使 AD620 的参考端和 A/D 转换器的模拟地电位随电源电压 U_{CC} 变化而浮动，比直接接地有更好的电源噪声抑制比和共模抑制比。

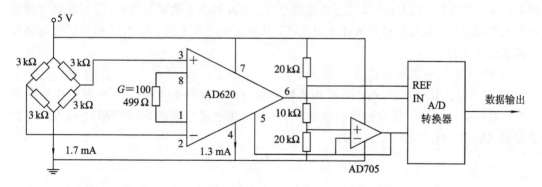

图 2.27　用 5 V 单电源构成的压力测量电路

2）心电信号测量（ECG）

心电信号测量电路如图 2.28 所示，做△-Y 变换后的心电信号测量电路如图 2.29 所示。

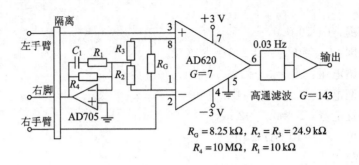

图 2.28 心电信号测量电路

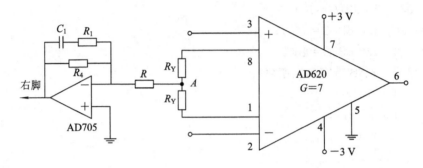

图 2.29 R_2、R_3、R_G 做 △-Y 变换后的心电信号测量电路

图 2.28 中电路的电极分别接左、右手臂和右脚，在电极和电路之间采取隔离保护措施，以确保人员安全。放大电路采用 AD620 仪用放大器，增益 $G=7$，用 ± 3 V 双电源供电，参考端 5 接地。AD620 输出经过下限频率为 0.03 Hz 的高通滤波器隔离前端电路的直流分量，再经过 $G=143$ 的放大器放大输出，故总增益等于 $7 \times 143 = 1001$ 倍。AD620 的低漂移、低噪声、高共模抑制比，使该电路获得十分优异的性能。电路中右脚导联（电极）不直接接地，而是接到 AD705 的输出端，AD705 接成反相比例放大器，其输入端接图 2.29 中的 A 点，如果电路完全对称，左、右手臂的信号等值反相，则理论上 A 点电位为地电位，即 $U_A=0$。实际工作时 $U_A \neq 0$，且存在共模干扰，将此共模干扰取出放大，并反馈到右脚导联形成负反馈，使共模信号在人体上相抵消，从而消除共模干扰。图中 C_1 的取值要保证该电路能稳定工作。

3）精密电压-电流变换电路

用 AD620、AD705 和 R_G、R_1 可构成精密电流源，如图 2.30 所示。电路工作电源为 ± 3 V 双电源，AD705 接成电压跟随器，将负载电压反馈到参考端（5 引脚），以保持好的共模抑制能力。电路负载电流 I_L 为

$$I_L = \frac{U_{R_1}}{R_1}$$

而 U_{R_1} 就等于 AD620 的输出信号与参考端之间的电位差，即

$$U_{R_1} = U_x = G(u_{i1} - u_{i2})$$

故

$$I_L = \frac{U_x}{R_1} = \frac{G}{R_1}(u_{i1} - u_{i2})$$

式中

$$G = 1 + \frac{49.4(\mathrm{k\Omega})}{R_{\mathrm{G}}}$$

可见，负载电流 I_{L} 正比于差模输入信号（$u_{i1} - u_{i2}$），而与负载无关。

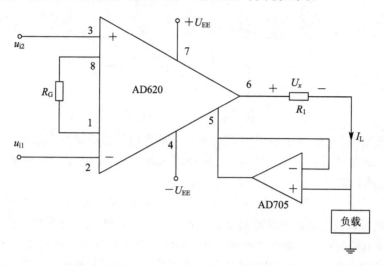

图 2.30　精密电压-电流变换电路

2.3　集成运算放大器的线性应用

一、实验目的

（1）熟悉集成运算放大器的性能，掌握其使用方法。

（2）研究集成运算放大器常用典型线性电路，掌握其工作原理和调试方法。

二、预习要求

（1）预习集成运算放大器的基本理论知识。

（2）用 Multisim 10 对各种运算电路进行仿真设计与分析。

三、实验原理

集成的通用线性放大器统称运算放大器，是一种具有高开环电压放大倍数的多级直接耦合放大器，通常以差分放大器为输入级，因此决定了器件的输入阻抗高，输入偏置电流、失调电压、失调电流小，共模抑制比高，温度特性好等特点。运算放大器用于放大信号，且广泛用于其他各种电路，如滤波器、乘法器、积分器、比较器、振荡器等。为便于应用，有的器件在一块芯片上集成多只放大器。本次实验用到的 TL084 是 JFET 输入 4 运算放大器，其引脚图见图 2.31。TL084 为双列直插式封装，具有很高的输入阻抗，其输入偏置电流近似为 0，单位增益带宽 $\mathrm{BW}_G \geqslant 4$ MHz，转换速率 S_{R} 大于 13 $\mu\mathrm{s}^{-1}$，电源范围为 $\pm 9 \sim \pm 18$ V（本次实验用 ± 12 V）。

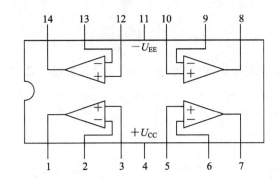

图 2.31　TL084 的引脚图

集成运算放大器的应用从工作原理上可分为线性应用和非线性应用两个方面。在线性工作区内，其输出电压 u_o 与输入电压 u_i（同相输入端"＋"电压 u_+ 与反相输入端"－"电压 u_- 之差）成正比，即

$$u_o = A_{uo}(u_+ - u_-) = A_{uo}u_i$$

由于集成运算放大器的开环增益高达 $10^4 \sim 10^7$，若要使 u_o 为有限值，必须引入深度负反馈，使放大电路的输入、输出成比例，因此构成了集成运算放大器的线性运算电路。

理想运算放大器在线性应用时具有两个重要特征：虚短和虚断。所谓虚短，即理想运算放大器在作线性放大时，同相输入端和反相输入端电压近似相等。所谓虚断，即理想运算放大器的同相输入端和反相输入端电流近似为零。

1. 反相比例运算

反相比例运算电路如图 2.32 所示。对于理想运放，该电路的输出电压与输入电压之间的关系为

$$u_o = -\frac{R_f}{R_1}u_i$$

为了减小输入级偏置电流引起的运算误差，在同相输入端应接入平衡电阻 $R_2 = R_1 \parallel R_f$。

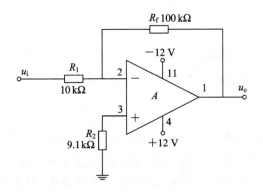

图 2.32　反相比例运算电路

2. 同相比例运算电路

同相比例运算电路如图 2.33(a) 所示。对于理想运放，它的输出电压与输入电压之间的关系为

$$u_o = \left(1 + \frac{R_f}{R_1}\right)u_i$$

电路中 $R_2 = R_1 /\!/ R_f$。当 $R_1 \to \infty$ 时，$u_o = u_i$，即得到如图 2.33(b) 所示的电压跟随器。图中 $R_2 = R_f$，用以减小漂移和起保护作用。一般 R_f 取 10 kΩ。因为 R_f 太小起不到保护作用，太大则影响跟随特性。

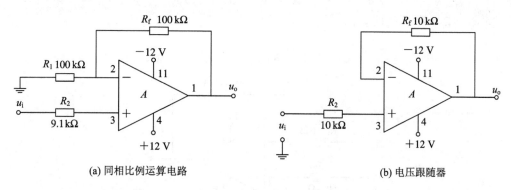

(a) 同相比例运算电路   (b) 电压跟随器

图 2.33　同相比例运算电路与电压跟随器

3. 加法运算电路

根据信号输入的不同，加法运算电路包括同相加法运算电路和反相加法运算电路两种，电路如图 2.34 所示。

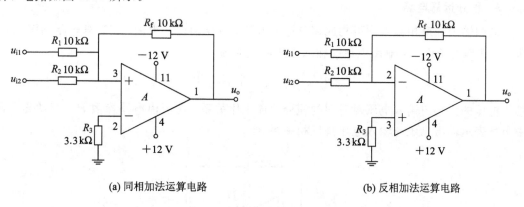

(a) 同相加法运算电路   (b) 反相加法运算电路

图 2.34　加法运算电路

图 2.34(a) 为同相加法运算电路，其输出电压为

$$u_o = \left(1 + \frac{R_f}{R_1}\right)R_P\left(\frac{u_{i1}}{R_2} + \frac{u_{i2}}{R_3}\right)$$

其中，$R_P = R_2 /\!/ R_3$，R_P 与每个回路电阻有关，需满足一定比例关系，实际应用时调整较困难。

图 2.34(b) 为反相加法运算电路，其输出电压为

$$u_o = -\left(\frac{R_f}{R_1}u_{i1} + \frac{R_f}{R_2}u_{i2}\right)$$

当 $R_1 = R_2 = R_f$ 时，

$$u_o = -(u_{i1} + u_{i2})$$

4. 减法运算电路

减法运算电路实际上是反相比例运算电路和同相比例运算电路的组合，电路如图2.35所示。在理想条件下，输出电压与各输入电压的关系为

$$u_o = \left(1 + \frac{R_f}{R_1}\right)\left(\frac{R_3}{R_2 + R_3}\right)u_{i2} - \frac{R_f}{R_1}u_{i1}$$

当 $R_1 = R_2$，$R_f = R_3$ 时，有

$$u_o = \frac{R_f}{R_1}(u_{i2} - u_{i1})$$

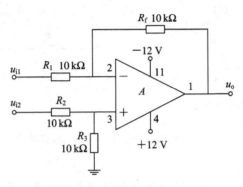

图 2.35　减法运算电路

5. 积分运算电路

同相输入和反相输入均可构成积分运算电路。以反相积分为例，其运算电路如图2.36所示。在理想条件下，输出电压与输入电压的关系为

$$u_o(t) = -\frac{1}{R_1 C}\int u_i(t)\ \mathrm{d}t$$

输出电压的大小与输入电压对时间的积分值成正比关系，比值由电路参数 R_1、C 决定，式中负号表示输出电压与输入电压是反相关系。

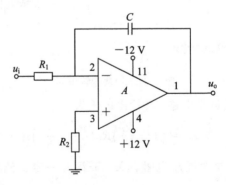

图 2.36　积分运算电路

6. 微分运算电路

微分运算是积分运算的逆运算，只需将反相输入端的电阻和反馈电容调换位置，就可构成微分运算电路，如图2.37所示。在理想条件下，输出电压与输入电压的关系为

$$u_o(t) = -R_f C \frac{\mathrm{d}u_i(t)}{\mathrm{d}t}$$

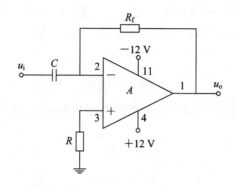

图 2.37　微分运算电路

四、实验仪器

本次实验需要的实验仪器如表 2.19 所示。

表 2.19　实 验 仪 器

序号	仪 器 名 称	功 能 作 用	数 量
1	双踪示波器	观测输入/输出波形	1
2	函数信号发生器	提供输入信号	1
3	数字万用表	测量输入/输出电压	1
4	实验箱	搭建电路	1

五、实验内容

（1）运算放大器参数的测量。

（2）运算放大器的线性应用。

（3）运算电路设计。

六、实验步骤

1. 运算放大器参数的测量

1）输入失调电压 U_{os} 的测量

由于工艺原因，当运算放大器的正、负输入端电压为零，即 $U_+ - U_- = 0$ 时，输出电压 $U_o \neq 0$，调节 $\Delta U_i = U_{os}$ 可使 $U_o = 0$。U_{os} 是一个很重要的参数，开环测试十分困难，必须闭环测量。实验中采用如图 2.38 所示电路测量输入失调电压。U_{os} 的计算公式为

$$U_{os} = \frac{U_o}{1000}$$

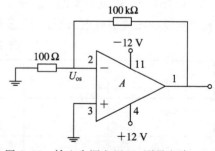

图 2.38　输入失调电压 U_{os} 测量电路

2）运算放大器的转换速率 S_R（摆率）的测量

当输入大幅度阶跃信号时，由于器件的带宽限制及其非线性特性，输出可能不是一个

阶跃信号，在某些要求比较高的场合使用运算放大器，必须考虑其转换速率。运算放大器的转换速率 S_R 定义为：当放大器的电压放大倍数 $A_u = 1$，输入阶跃信号时，输出信号随时间的变化速率，即

$$S_R = \frac{\Delta U_o}{\Delta t}$$

转换速率测量电路如图 2.39 所示，其中输入信号为方波，$f = 10\ \text{kHz}$，$U_{ipp} = 10\ \text{V}$。

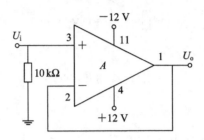

图 2.39　转换速率测量电路

2. 运算放大器的线性应用

1）反相比例运算

按图 2.32 连接电路，输入 $f = 1\ \text{kHz}$、$U_i = 0.5\ \text{V}$ 的正弦交流信号，测量相应的 U_o，并用示波器观察 u_o 和 u_i 的相位关系，记入表 2.20 中。

表 2.20　反相比例运算

U_i/V	U_o/V	u_i 波形	u_o 波形	A_u

2）反相加法运算

按图 2.34(b) 连接电路，选择合适的直流输入电压以确保集成运放工作在线性区。用直流电压表测量输入电压 U_{i1}、U_{i2} 及输出电压 U_o，记入表 2.21 中。

表 2.21　反相加法运算

U_{i1}/V					
U_{i2}/V					
U_o/V					

3）减法运算

按图 2.35 连接电路，选择合适的直流输入电压以确保集成运放工作在线性区。用直流

电压表测量输入电压 U_{i1}、U_{i2} 及输出电压 U_o，记入表 2.22 中。

表 2.22 减 法 运 算

U_{i1}/V				
U_{i2}/V				
U_o/V				

4）积分运算

图 2.40 为反相积分器，积分电容上并联电阻 R_3，目的是降低电路的低频电压增益，消除积分电路的饱和现象。

（1）按图 2.40 所示的电路，推导出输出电压 u_o 的解析表达式。

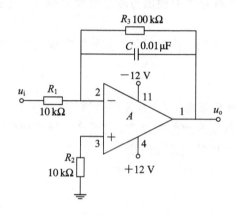

图 2.40 积分运算电路

（2）输入端加入 $U_{ipp}=1\ V$、$f=1\ kHz$ 的方波信号，用双踪示波器观察 u_o 与 u_i 的大小及相位关系，研究电路对方波信号的运算功能。

（3）改变图 2.40 中电路参数，使 $C=0.1\ \mu F$，观察输出波形的变化。

5）微分运算

微分运算电路如图 2.41 所示。由于电容 C 的容抗随输入信号的频率升高而减小，因此输出电压随频率升高而增加，为限制输出电压的高频电压增益，在输入端与电容 C 之间加入电阻 R_1。

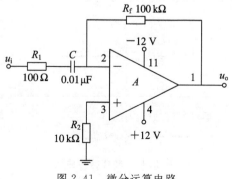

图 2.41 微分运算电路

（1）按图 2.41 所示的电路，推导出输出电压 u_o 的解析表达式。

（2）输入端加入 $U_{ipp}=1$ V、$f=1$ kHz 的三角波信号，用双踪示波器观察 u_o 与 u_i 的大小及相位关系，研究电路对三角波信号的运算功能。

（3）改变图 2.41 中电路参数，使 $C=0.1$ μF，观察输出波形的变化。

3. 运算电路设计

现有 3 个集成运算放大器、10 个 10 kΩ 电阻及 3 个 20 kΩ 的电阻，试设计一个运算电路，实现如下功能：

$$u_o = 2u_{i1} - 3u_{i2}$$

自行设计实验方案及步骤，并通过实验验证设计是否正确。

七、思考题

（1）实际测试中，若发现运放的输出与理论值相差很多，并接近供电电源的负电源电压值，试分析其原因。

（2）积分器输入方波信号时，输出三角波信号的幅度大小受哪些因素影响？

八、实验报告要求

（1）整理实验数据，画出波形图（注意波形间的相位关系）。

（2）将理论计算结果和实测数据相比较，分析产生误差的原因。

（3）分析讨论实验中出现的现象和问题。

（4）用 Multisim 仿真实验中的各种运算电路。

九、知识拓展

当运算放大器工作在开环或引入正反馈时，输出电压将超出运算放大器输出电压的范围，其输出电压 u_o 与其输入电压 $u_i=u_+-u_-$ 之间将不再符合线性关系，即

$$u_o \neq A_{uo}(u_+ - u_-)$$

这是由于运算放大器工作在开环或正反馈的工作状态，输入端只要加入一微小信号，就足以使得输出达到饱和（输出电压小于并接近于电源电压）。其关系如下：

当 $u_+ > u_-$ 时，$u_o = +U_{omax}$；

当 $u_+ < u_-$ 时，$u_o = -U_{omax}$。

综上可得运算放大器非线性应用时的转移特性曲线，如图 2.42 所示。

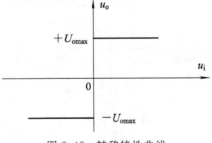

图 2.42 转移特性曲线

1. 运算放大器的非线性应用

电压比较器是运算放大器非线性应用的基础，是对电压幅值进行比较的电路。它将一个模拟量电压信号和一个参考电压相比较，在两者幅度接近时输出电压产生跃变，相应输出高电平或低电平。比较器可用于模拟与数字信号转换等领域，也可用于波形变换。

图 2.43 为一简单的电压比较器。U_R 为参考电压，加在运放的同相输入端，输入电压加在运放的反相输入端。

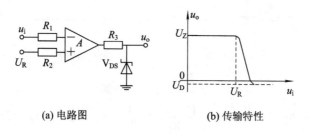

(a) 电路图   (b) 传输特性

图 2.43 电压比较器

当 $u_i < U_R$ 时，运放输出高电平，稳压管 V_{DS} 反向稳压，输出被钳位在稳压管的稳压值 U_Z，即 $u_o = U_Z$。

当 $u_i > U_R$ 时，运放输出低电平，稳压管 V_{DS} 正向导通，输出电压等于稳压管的正向导通压降 U_D，即 $u_o = -U_D$。

可见，输入电压 u_i 变化时以 U_R 为界，输出端有两种状态，高电平或低电平。图 2.43(b) 为电压比较器的传输特性。工程实践中常用的电压比较器有过零比较器、滞回比较器和窗口比较器。

1) 过零比较器

图 2.44(a) 所示为加了限幅电路的过零比较器，V_{DZ} 为限幅稳压管，信号从运放的反相输入端输入，运放的同相输入端接地，即参考电压为零。当 $u_i > 0$ 时，输出 $u_o = -(U_Z + U_D)$；当 $u_i < 0$ 时，输出 $u_o = +(U_Z + U_D)$。过零比较器的电压传输特性如图 2.44(b) 所示。过零比较器结构简单，灵敏度高，但抗干扰能力差。

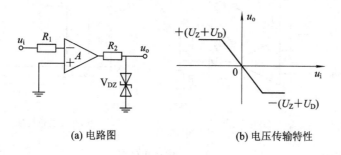

(a) 电路图   (b) 电压传输特性

图 2.44 过零比较器

2) 滞回比较器

普通过零比较器在实际工作时，如果输入电压 u_i 恰好在零值附近，则由于零点漂移的存在，输出电压 u_o 将会不断发生翻转，由一个极限值转换到另一个极限值，使得控制电路出现混乱，因此需要输出具有滞回特性。

图 2.45(a)所示是具有滞回特性的过零比较器。滞回比较器的输入接运放的反相输入端，从输出端引一个电阻分压支路到同相输入端 P，若 u_o 改变状态，P 点电压也会随着改变，使过零点离开原来位置。

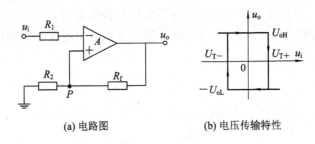

(a) 电路图　　　　　　　　(b) 电压传输特性

图 2.45　滞回比较器

当 $u_i < U_P$ 时，u_o 为 U_{oH}，$U_P = \dfrac{R_2}{R_2 + R_f} \times U_{oH} = U_{T+}$，而当 $u_i > U_P$ 时，u_o 由 U_{oH} 变为

$-U_{oL}$，此时 U_P 随之变为 $U_P = -\dfrac{R_2}{R_2 + R_f} \times U_{oL} = U_{T-}$，所以只有当 u_i 下降到 U_{T-} 以下，才

能使 u_o 再度回到 U_{oH}，于是出现如图 2.45(b)所示的滞回特性。U_{T+}、U_{T-} 分别称为上、下门限电压，U_{T+} 与 U_{T-} 之差称为门限宽度或回差。图 2.45(b)中的回差为

$$U_{T+} - U_{T-} = \frac{R_2}{R_2 + R_f}(U_{oH} - U_{oL})$$

改变 R_2 的数值可以改变回差的大小。

3）窗口比较器

简单的比较器仅能鉴别输入电压 u_i 比参考电压 U_R 高或低的情况，窗口比较器可以检测到输入电压高于某一个阈值或低于某一个阈值的情况，也就是说，输入电压在单向变化过程中，可使输出信号跳变两次。窗口比较器是由两个简单比较器组成的，如图 2.46(a)所示，它能指示出 u_i 是否处于参考电压 U_{R+} 和 U_{R-} 之间。

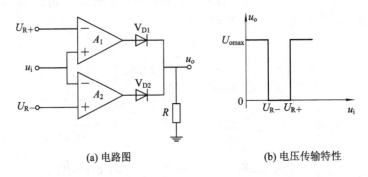

(a) 电路图　　　　　　　　(b) 电压传输特性

图 2.46　窗口比较器

当 $u_i > U_{R+}$ 时，运放 A_1 正饱和输出，二极管 V_{D1} 导通，运放 A_2 负饱和输出，二极管 V_{D2} 截止，窗口比较器输出高电平，$u_o = U_{omax}$。

当 $u_i < U_{R-}$ 时，运放 A_2 正饱和输出，二极管 V_{D2} 导通，运放 A_1 负饱和输出，二极管 V_{D1} 截止，窗口比较器输出高电平，$u_o = U_{omax}$。

当 $U_{R-} < u_i < U_{R+}$ 时，运放 A_1、A_2 均负饱和输出，二极管 V_{D1}、V_{D2} 同时截止，窗口比

较器输出低电平，$u_o = 0$。窗口比较器的电压传输特性如图2.46(b)所示。

2. 实际应用

如图 2.47 所示为一电压窗口比较器电路实现的电平指示器，要求输入电压 $u_i < 1$ V 或 $u_i > 3$ V 时，发光二极管 V_{D3} 被点亮。已知 $R_1 = 10$ kΩ，$R_2 = R_3 = 2$ kΩ，V_{D1}、V_{D2} 为 1N4148，运放为 TL084，试计算 R_4，设计实验方案和步骤，并通过实验验证自己的设计。

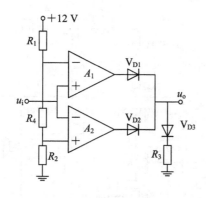

图 2.47　电平指示器

2.4　功 率 放 大 器

一、实验目的

（1）进一步理解无输出变压器(OTL)功率放大电路的工作原理。
（2）学会 OTL 功率放大电路的调试及主要性能指标的测试方法。
（3）了解 OTL 功率放大电路产生交越失真的原因及其消除方法。
（4）学会使用集成功率放大器。

二、预习要求

（1）预习 OTL 功率放大电路的工作原理。
（2）了解 OTL 功率放大电路的主要性能指标。

三、实验原理

工程实践中，电子系统终端，如扬声器、显像管、交直流电机、通信的信道等，都需要一定的信号功率来驱动，能向负载提供足够功率的放大电路称为功率放大电路。由于功率放大器工作在大电流和高电压状态，而所带的负载往往不是纯电阻性的负载，因此功率放大器的非线性失真、芯片的散热和工作的安全性等将是电路设计者在设计、调试功率放大电路时需要考虑的特殊问题。目前常用的电路有无输出变压器(OTL)功率放大电路和无输出电容(OCL)功率放大电路。

图 2.48 所示为 OTL 低频功率放大电路。其中晶体三极管 V_1 组成推动级（也称前置放大级），V_2、V_3 是一对参数对称的 NPN 和 PNP 型晶体三极管，它们组成互补推挽 OTL 功率放大电路。由于每一个管子都接成射极输出的形式，因此具有输出电阻低、负载能力强等优点，适合于作功率输出级。V_1 工作于甲类状态，它的集电极电流 I_{C1} 由电位器 R_{W1} 进行

调节。I_{C1} 的一部分流经电位器 R_{W2} 及二极管 V_D，给 V_2、V_3 提供偏压。调节 R_{W2}，可以使 V_2、V_3 得到合适的静态电流而工作于甲乙类状态，以克服交越失真。静态时，要求输出端中点 A 的电位 $U_A=U_{CC}/2$，这可以通过调节 R_{W1} 来实现。又由于 R_{W1} 的一端接在 A 点，因此在电路中引入交、直流电压并联负反馈，一方面能够稳定放大器的静态工作点，同时也能改善非线性失真。

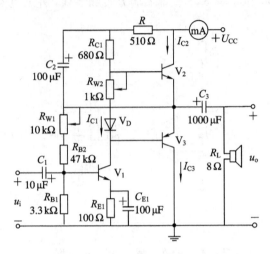

图 2.48　OTL 低频功率放大电路

当输入正弦交流信号 u_i 时，经 V_1 放大、倒相后同时作用于 V_2、V_3 的基极，u_i 的负半周使 V_2 导通（V_3 截止），有电流通过负载 R_L，同时向电容 C_3 充电。在 u_i 的正半周，V_3 导通（V_2 截止），则已充好电的电容器 C_3 起电源作用，通过负载 R_L 放电，这样在 R_L 上就得到完整的正弦波。

C_2 和 R 构成自举电路，用于提高输出电压正半周的幅度，以得到大的动态范围。

OTL 电路的主要性能指标如下：

1. 最大不失真输出功率 P_{om}

理想情况下，忽略晶体管的饱和压降，负载上得到的最大输出电压幅值 $U_{om}=U_{CC}/2$，此时负载上最大不失真功率为

$$P_{om} = \frac{U_{CC}^2}{8R_L}$$

实验中可通过测量 R_L 两端最大不失真电压 U_{om} 来求得实际的 P_{om}，即

$$P_{om} = \frac{U_{om}^2}{R_L}$$

2. 效率 η

效率 η 的计算公式为

$$\eta = \frac{P_{om}}{P_E} \times 100\%$$

式中，P_E 为直流电源供给的平均功率。理想情况下，$\eta_{max}=78.5\%$。在实验中，可通过测量电源供给的平均电流 I_{DC} 来求得 P_E，即 $P_E=U_{CC}\times I_{DC}$。负载上的交流功率已用上述方法求出，因而也就可以计算实际效率了。

3. 频率响应

详见 2.1 节有关部分内容。

4. 输入灵敏度

输入灵敏度是指输出最大不失真功率时，输入信号 u_i 之值。

四、实验仪器

本次实验需要的实验仪器如表 2.23 所示。

表 2.23 实 验 仪 器

序号	仪 器 名 称	功 能 作 用	数 量
1	双踪示波器	观测输入/输出波形及电压	1
2	函数信号发生器	提供输入信号	1
3	数字万用表	测量静态工作点	1
4	实验电路模块	搭建电路	1

五、实验内容

(1) 静态工作点调试。

(2) 最大不失真输出功率 P_{om} 和效率 η 测试。

(3) 输入灵敏度测试。

(4) 频率响应测试。

六、实验步骤

1. 静态工作点调试

按图 2.48 所示连接实验电路，将输入信号旋钮旋至零（$u_i=0$），电源进线中串入直流毫安表，电位器 R_{W2} 置最小值，R_{W1} 置中间位置。接通 +5 V 电源，观察毫安表指示，同时用手触摸输出级管子，若电流过大或管子温升显著，应立即断开电源，检查原因（如 R_{W2} 开路，电路自激，或输出管性能不好等）。如无异常现象，可开始调试。

1）调节输出端中点电位 U_A

调节电位器 R_{W1}，用数字万用表测量 A 点电位，使 $U_A=U_{CC}/2$。

2）调整输出级静态电流及测试各级静态工作点

调节 R_{W2}，使 V_2、V_3 的 $I_{C2}=I_{C3}=8$ mA。从减小交越失真角度看，应适当加大输出级静态电流，但该电流过大会使效率降低，所以一般以 $5\sim10$ mA 为宜。由于毫安表是串在电源进线中的，因此测得的是整个放大器的电流，但一般 V_1 的集电极电流 I_{C1} 较小，从而可以把测得的总电流近似当做末级的静态电流。如要准确得到末级静态电流，则可从总电流中减去 I_{C1} 之值。

调整输出级静态电流的另一种方法是动态调试法。先使 $R_{W2}=0$，在输入端接入 $f=1$ kHz 的正弦信号 u_i；再逐渐加大输入信号的幅值，此时，输出波形应出现较严重的交越失真（注意：没有饱和和截止失真）；然后缓慢增大 R_{W2}，当交越失真刚好消失时，停止调节

R_{W2}，恢复 $u_i=0$，此时直流毫安表读数即为输出级静态电流。一般所读数值也应在 8 mA 左右，如过大，则要检查电路。

输出级电流调整好后，测量各级静态工作点，记入表 2.24 中。

表 2.24 OTL 功率放大电路各级静态工作点

测试条件：$I_{C2}=I_{C3}=$　　mA，$U_A=2.5$ V			
	V_1	V_2	V_3
U_B/V			
U_C/V			
U_E/V			

2. 最大不失真输出功率 P_{om} 和效率 η 测试

1）测量 P_{om}

输入端接 $f=1$ kHz 的正弦信号 u_i，输出端用示波器观察输出电压 u_o 波形。逐渐增大 u_i，使输出电压达到最大不失真输出，用交流毫伏表测出负载 R_L 上的电压 U_{om}，则

$$P_{om}=\frac{U_{om}^2}{R_L}$$

2）测量 η

当输出电压为最大不失真输出时，读出直流毫安表中的电流值，此电流值即为直流电源供给的平均电流 I_{DC}（有一定误差）值，由此可近似求得 $P_E=U_{CC}\times I_{DC}$，再根据前面测得的 P_{om}，即可求出

$$\eta=\frac{P_{om}}{P_E}\times 100\%$$

3. 输入灵敏度测试

根据输入灵敏度的定义，只要测出输出功率 $P_o=P_{om}$ 时的输入电压值 u_i 即可。

4. 频率响应测试

保持输入信号 $u_i=10$ mV 不变，按表 2.25，以 $f_0=1$ kHz 为中心频率，分别向上和向下调节信号源频率 f，测出功率放大电路的 f_L 和 f_H，并绘出幅频特性曲线。

表 2.25 频率响应测试

序号	1	2	3	4	5	f_0	7	8	9	10	11
f/kHz			f_L			1.0			f_H		
u_o/V											

七、思考题

（1）什么条件下，OTL 电路输出功率最大？效率最高？何时晶体管的管耗最大？

（2）分析图 2.48 中自举电路的工作原理。

（3）OCL 功率放大电路中，若增大电阻 R_1、R_2 的阻值，对整个电路有何影响？

八、实验报告要求

（1）画出实验电路图，整理实验数据。

（2）总结 OTL 功率放大电路性能指标的测试方法。

（3）分析 OTL 功率放大电路产生交越失真的原因及消除方法。

九、知识拓展

1. OCL 功率放大电路

功率放大电路的形式很多，有双电源供电的 OCL 互补对称功放电路、单电源供电的 OTL 功放电路、桥式推挽（BTL）功放电路和变压器耦合功放电路等。这些电路各有特点，这里重点介绍 OCL 互补对称功放电路。

基本 OCL 功率放大电路如图 2.49 所示。V_1、V_2 对称，电路采用双电源供电，输出与输入双向跟随。当输入信号 u_i 为正弦波正半周时，V_2 截止，V_1 承担放大作用，有电流流过负载；当输入信号 u_i 为正弦波负半周时，V_1 截止，V_2 承担放大作用，仍有电流流过负载，输出 u_o 为完整正弦波。这种电路的特点是：无输入信号时，静态电流为零；加入输入信号时，V_1、V_2 轮流导通，组成推挽式电路。由于晶体管发射结存在开启电压 u_{on}，只有当输入信号 $u_i > u_{on}$ 时，V_1、V_2 才导通，因此输出电压波形存在交越失真。

消除交越失真的 OCL 功率放大电路如图 2.50 所示。V_1 和 V_2 都施加了偏置，导通时间都比输入信号的半个周期长，即在输入信号很小时，V_1 和 V_2 同时导通，均工作在甲乙类状态。

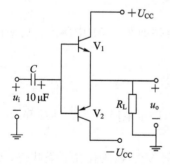

图 2.49 基本 OCL 功率放大电路

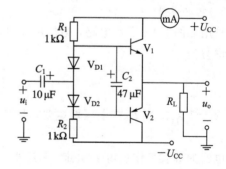

图 2.50 消除交越失真的 OCL 功率放大电路

2. 用集成运放驱动的功放电路

图 2.51 是直接用运算放大器驱动的互补输出级功放电路，这种电路总的增益取决于比值 $(R_1 + R_3)/R_1$。

当输入信号幅值足够大时，输出电压峰值 U_{omax} 达到 $U_{CC} - 2U_{CES}$，此时的最大不失真输

出功率为

$$P_{om} = \frac{(U_{CC} - U_{CES})^2}{2R_L}$$

直流电源提供的功率为

$$P_{DC} = \frac{2U_{CC}^2}{\pi R_L}$$

电路效率为

$$\eta = \frac{P_{om}}{P_{DC}}$$

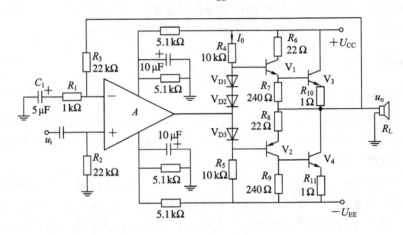

图 2.51　运算放大器驱动的 OCL 功放电路

3. OCL 功率放大电路的设计

1）设计要求

设计一个 OCL 功率放大电路，已知 $R_L = 8\ \Omega$，$U_i = 800\ mV$，$+U_{CC} = +12\ V$，$-U_{EE} = -12\ V$，要求 $P_{om} \geqslant 2\ W$。

2）电路设计

采用如图 2.51 所示电路，运放用 TL084，其他器件如图 2.51 中所示。功率放大器的电压增益为

$$A_{uf} = \frac{U_o}{U_i} = 1 + \frac{R_3}{R_1}$$

若取 $R_1 = 1\ k\Omega$，则 R_3 按电压增益要求取值，实际中由固定电阻 $R_3' = 10\ k\Omega$ 和 R_P 可调电阻代替。

电路的静态工作点由 I_0 决定。I_0 过小，会使晶体管 V_3、V_4 工作在乙类状态，输出会出现交越失真；I_0 过大，会增加静态功耗，使功率放大器效率降低。对于 2 W 的功率放大器，一般取 $I_0 = 1 \sim 3\ mA$，可使晶体管 V_3、V_4 工作在甲乙类状态。若取 $I_0 = 1\ mA$，即

$$I_0 \approx \frac{2U_{CC} - 3U_D}{R_4 + R_5} = \frac{2 \times 12 - 3 \times 0.7}{2R_4} = 1\ mA$$

则 $R_4 = R_5 = 10.95\ k\Omega$，取标称值 11 kΩ。

此时，最大不失真输出功率为

$$P_{\text{om}} \approx \frac{1}{2} \times \frac{U_{\text{CC}}^2}{R_{\text{L}}} = \frac{12^2}{2 \times 8} = 9 \text{ W}$$

每只晶体管的最大允许功耗为

$$P_{\text{CM}} > 0.2 P_{\text{om}} = 1.8 \text{ W}$$

最大集电极电流为

$$I_{\text{CM}} > \frac{U_{\text{CC}}}{R_{\text{L}}} = 1.2 \text{ A}$$

反向击穿电压为

$$|U_{\text{ECOB}}| > 2U_{\text{CC}} = 24 \text{ V}$$

3）元器件选择

查晶体管手册，可选定 V_1 为 3DG6，V_2 为 3CG21，V_3、V_4 为 3DD01，V_{D1}、V_{D2}、V_{D3} 为 2CP10，其他元件见图 2.51。

4. 集成功率放大器（200X 系列）

TDA200X 系列包括 TDA2002、TDA2003、TDA2030、MP2002H（或 D2002、D2003、D2030）等，为单片集成功放器件。其性能优良，功能齐全，具备各种保护、消噪电路，外接元件少，易于安装，对外仅仅五个引出端子，因此也称为五端集成功放。集成功放都工作在甲乙类（AB 类）状态，静态电流大都在 $10 \sim 50$ mA 之间，因此静态功耗小，但动态功耗很大，且随输出的变化而变化。五端功放的内部电路、主要技术指标以及引脚图可参见相关集成电路手册。

以 TDA2030 为例，其主要技术参数见表 2.26，电路符号及封装图见图 2.52。

表 2.26 TDA2030 的主要技术参数

参 数	符号及单位	数 值	测 试 条 件
电源电压	U_{CC}/V	$\pm 6 \sim \pm 18$	—
静态电流	I_{CC}/mA	<40	—
输出峰值电流	I_{CM}/A	3.5	—
输出功率	P_{o}/W	14	$U_{\text{CC}}=14$ V，$R_{\text{L}}=4$ Ω，$f=1$ kHz，THD$<0.5\%$
输入阻抗	$R_{\text{i}}/\text{k}\Omega$	140	$A_u=30$ dB，$R_{\text{L}}=4$ Ω，$P_{\text{o}}=14$ W
-3 dB 带宽	BW/kHz	$0.01 \sim 140$	$R_{\text{L}}=4$ Ω，$P_{\text{o}}=14$ W
谐波失真	THD/（%）	<0.5	$R_{\text{L}}=4$ Ω，$P_{\text{o}}=(0.1\sim14)$ W

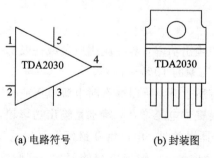

(a) 电路符号   (b) 封装图

图 2.52 TDA2030 的电路符号及封装图

图 2.53 与图 2.54 是 TDA2030 的典型应用电路。图 2.54 中补偿元件 R_x、C_x，通常取 $R_x \approx 39\ \Omega$，$C_x \approx 0.003\ \mu\mathrm{F}$。

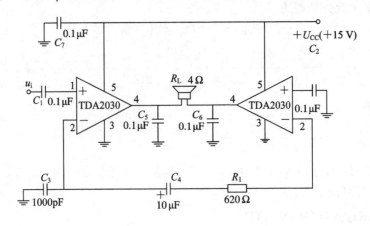

图 2.53 简易 BTL 功放

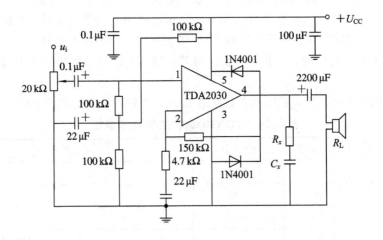

图 2.54 五端功放 TDA2030 的应用

5. 功率放大器实际应用时应注意的问题

采用集成功率放大器芯片设计集成功率放大器比较简单，一般只需考虑以下几个问题：

（1）芯片选型和制作。

① 考虑芯片能够提供的输出功率，实际应用中负载一般都不是电阻性负载，所以芯片的输出功率应大于所需输出功率的 10%～15%。

② 静态时电源电压会有所上升，所以静态时电源电压应比芯片的极限电压低 3～5 V。

③ 功率放大往往还需要提供电压增益，特别是输出功率较大的功率放大器，在使用外接反馈电阻来设置功率放大器增益时，电压增益最好不要超过 26 dB。

（2）元件选择时，主要考虑输入、输出电容的容量，它们决定了功率放大器通频带的下限频率。电容的选择公式为

$$C_i \geqslant \frac{1}{2\pi R_i f_L}$$

$$C_o \geqslant \frac{1}{2\pi R_L f_L}$$

其中：R_i为放大器的输入电阻；f_L为放大器的下限频率；R_L为负载电阻。

（3）在制作印制电路板时，大信号和小信号的走线要尽量分开。大信号的地和小信号的地要在一点相连；电源和输出线尽可能宽，避免出现环形地线。

2.5　波形产生电路

一、实验目的

（1）了解集成运算放大器在信号产生方面的广泛应用。

（2）掌握 RC 桥式正弦波振荡器的原理及设计方法。

（3）了解矩形波、方波和三角波发生器电路的原理与设计方法。

（4）学习波形发生器的调整和主要性能指标的测试方法。

二、预习要求

（1）学习 RC 桥式正弦波振荡器的原理。

（2）用 Multisim 10 对各种振荡电路进行仿真设计与分析。

三、实验原理

在通信、自动控制和计算机技术等领域中都广泛采用各种类型的波形产生电路。波形产生电路一般分为函数信号发生器和任意波形发生器两种。函数信号发生器在设计上又分为模拟式和数字合成式。模拟方法电路结构复杂，有温漂现象，难以实现精度控制。数字合成方法克服了上述缺点，在频率、幅度和信号的信噪比方面均优于模拟方法。工程实践中比较常用的波形有正弦波、方波、三角波和锯齿波。

集成运算放大器是一种高增益的放大器，只要加入适当的反馈网络，利用正反馈原理，满足振荡条件，就可以构成正弦波、方波、三角波和锯齿波等各种振荡电路，但受集成运放带宽限制，其产生的信号频率一般较低。

1. RC 桥式正弦波振荡电路

在模拟电路中，正弦波波形产生电路一般由放大电路、正反馈网络、选频网络和稳幅环节组成。放大电路保证电路有能够从起振到动态平衡的过程，使电路获得一定幅值的输出量。反馈网络引入正反馈，以满足振荡的相位条件。反馈网络可以是 RC 移相网络、电容分压网络、电感分压网络、变压器反馈网络或电阻分压网络等。选频网络保证电路只在某单一频率上满足振荡的相位条件，以产生频率纯度较高的正弦波振荡。它可以设置在放大电路中，也可以设置在反馈网络中。

RC 桥式正弦波振荡电路如图 2.55 所示。图中 R_1、C_1、R_2、C_2 组成的串并联选频网络构成正反馈支路，以产生正弦自激振荡；R_f、R_3构成负反馈支路，调节R_f可改变负反馈的反馈系数，从而改变放大器电压增益，使之满足自激振荡的振幅条件。

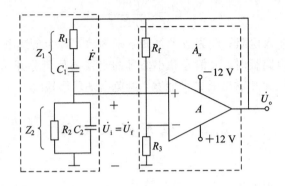

图 2.55　RC 桥式正弦波振荡电路原理图

1）RC 串并联选频网络的选频特性

工程实践中，一般取 $R_1 = R_2 = R$，$C_1 = C_2 = C$，令 R_1、C_1 串联阻抗为 Z_1，R_2、C_2 并联阻抗为 Z_2，$\omega_0 = 1/(RC)$，则

$$Z_1 = R + \frac{1}{j\omega C}$$

$$Z_2 = \frac{R}{1 + j\omega RC}$$

正反馈系数为

$$\dot{F} = \frac{\dot{U}_f}{\dot{U}_o} = \frac{Z_1}{Z_1 + Z_2} = \frac{1}{3 + j\left(\dfrac{\omega}{\omega_0} - \dfrac{\omega_0}{\omega}\right)}$$

由此可得 RC 串并联选频网络的幅频特性与相频特性分别为

$$F = \frac{1}{\sqrt{3^2 + \left(\dfrac{\omega}{\omega_0} - \dfrac{\omega_0}{\omega}\right)^2}}$$

$$\varphi_F = -\arctan \frac{\dfrac{\omega}{\omega_0} - \dfrac{\omega_0}{\omega}}{3}$$

因此，当 $\omega = \omega_0 = 1/(RC)$ 时，$F = 1/3$，$\varphi_F = 0$。

2）起振条件与振荡频率

由图 2.55 知，当 $\omega = \omega_0 = 1/(RC)$ 时，经 RC 串并联选频网络反馈到运放同相输入端的电压 $u_i = u_f$，且与输出电压 u_o 同相，满足自激振荡的相位条件。如果此时负反馈电压放大电路的电压放大倍数 $A_u > 3$，则满足 $A_uF > 1$ 的幅度条件。

电路起振之后，经过放大、选频网络反馈、再放大过程，输出电压幅度越来越大，最后受到电路中非线性器件的限制，振荡幅度自动趋于稳定，放大电路的电压放大倍数由 $A_u > 3$ 过渡到 $A_u = 3$，即由 $A_uF > 1$ 过渡到 $A_uF = 1$，达到幅度平衡状态。

振荡频率由相位平衡条件决定，只有当 $\omega = \omega_0 = 1/(RC)$ 时，$\varphi_F = 0$，所以振荡频率为

$$f_o = \frac{1}{2\pi RC}$$

3）稳幅措施

为了稳定振荡幅度，通常在放大电路的负反馈回路里加入非线性元件来自动调整负反馈放大电路的电压放大倍数，从而达到稳定输出电压的目的，实际电路如图 2.56 所示。图中 V_{D1}、V_{D2} 为稳幅元件，由于反馈系数由 R_3、R_P、R_4 决定，所以当输出电压较小时，R_4 两端电压较小，V_{D1}、V_{D2} 截止，当输出电压增大到一定程度时，V_{D1}、V_{D2} 导通，其动态导通电阻与 R_4 并联，使得反馈系数增大，电路电压放大倍数下降，输出电压幅度越大，二极管导通电阻越小，电压放大倍数也将越小，从而维持输出电压幅度基本稳定。

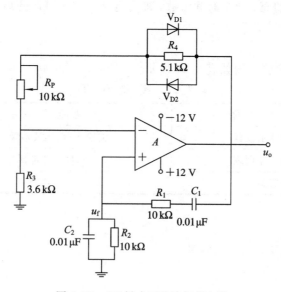

图 2.56　RC 桥式正弦波振荡电路

2. 矩形波产生电路

矩形波产生电路如图 2.57 所示。运算放大器作为滞回比较器，V_{DZ} 为双向稳压二极管，输出电压的幅度被限制在 $+U_Z$ 和 $-U_Z$。R_1、R_2 构成正反馈电路。R_2 上的反馈电压 U_R 是输出电压的一部分，即

$$U_R = \pm \frac{R_2}{R_1 + R_2} U_Z$$

U_R 加在同相输入端作为参考电压。R_f 和 C 构成负反馈电路，u_C 加在反相输入端，u_C 和 U_R 比较决定输出电压 u_o 的极性。

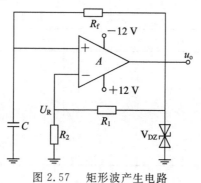

图 2.57　矩形波产生电路

电路工作稳定后，当 u_o 为 $+U_Z$ 时，U_R 也为正，这时 $u_C < U_R$，u_o 通过 R_f 对电容 C 充电，u_C 按指数规律增长，当 u_C 增长到等于 U_R 时，u_o 即由 $+U_Z$ 变为 $-U_Z$，U_R 也变为负值，电容 C 开始通过 R_f 放电，放电结束后开始反向充电，当充电到 $u_C = -U_R$ 时，u_o 即由 $-U_Z$ 变为 $+U_Z$。如此周期性地变化，在输出端就得到了矩形波电压，而电容两端产生的是三角波电压。矩形波周期为

$$T_H = 2R_f C \ln\left(1 + \frac{2R_2}{R_1}\right)$$

通过改变电容 C 的充、放电时间常数，即可得到占空比可调的矩形波产生电路。

四、实验仪器

本次实验需要的实验仪器如表 2.27 所示。

表 2.27 实 验 仪 器

序号	仪 器 名 称	功 能 作 用	数量
1	双踪示波器	观测输入/输出波形及电压	1
2	数字万用表	测量电源电压	1
3	实验箱	搭建电路	1

五、实验内容

（1）RC 桥式正弦波振荡电路测量。

（2）矩形波产生电路测量。

六、实验步骤

1. RC 桥式正弦波振荡电路

（1）按图 2.56 连接电路（其中 $R_1 = R_2 = R$，$C_1 = C_2 = 0.01\ \mu F$），接入 ±12 V 电源，缓慢调节 R_P，使振荡电路输出最大不失真的正弦波形。按表 2.28 给定参数进行测量。

表 2.28 RC 桥式正弦波振荡电路的测量

	U_{opp}/V	U_{fpp}/V	$|F|$	$R_P/k\Omega$	f_o/Hz
$R = 10\ k\Omega$					
$R = 20\ k\Omega$					
波形	u_o			u_f	

（2）分析改变 R 对振荡电路输出信号的影响。

2．矩形波产生电路

（1）按图 2.58 连接电路，接入 ± 12 V 电源，得到如图 2.59 所示的输出波形。按表 2.29 改变 R_1、R_2、C 的大小，用示波器观察输出矩形波的变化，测量并记录 f_o、T_H、U_{opp}。

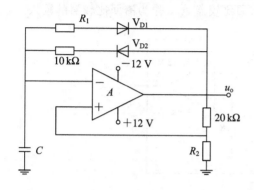

图 2.58　矩形波产生电路　　　　　　图 2.59　输出电压波形

（2）依据测量结果，分析改变 R_1、R_2、C 对振荡电路输出矩形波的影响。

表 2.29　矩形波振荡电路的测量

给定参数			测量数据		
$C/\mu\text{F}$	$R_1/\text{k}\Omega$	$R_2/\text{k}\Omega$	f_o	T_H	U_{opp}
0.1	51	10			
	2	10			
0.01	51	10			
	2	10			
0.1	51	20			
	2	20			

七、思考题

（1）RC 桥式正弦波振荡电路中两个二极管的作用是什么？说明其工作原理。

（2）如何将矩形波产生电路进行改进，使之能产生占空比可调的输出波形。

八、实验报告要求

（1）画出实验电路图，整理实验数据。

（2）叙述两种波形产生电路的工作原理及稳幅过程。

九、知识拓展

1. 三角波产生电路的工作原理

三角波产生电路如图 2.60 所示,该电路主要包括由集成运放 A_1 构成的滞回比较器和由 A_2 构成的积分器。积分器 A_2 的输出反馈给滞回比较器 A_1,作为滞回比较器的输入。

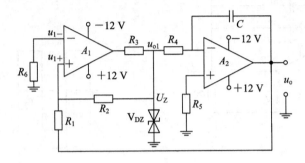

图 2.60　三角波产生电路

电路工作稳定后,当 $u_{o1} = +U_Z$ 时,由叠加原理知运放 A_1 的同相输入端电压为

$$u_{1+} = \frac{R_1}{R_1 + R_2}U_Z + \frac{R_2}{R_1 + R_2}u_o$$

此时积分电容 C 充电。由于 C 较大,u_o 按线性规律下降,同时拉动运放 A_1 的同相输入端电位下降。当运放 A_1 的同相输入端电位略低于反相输入端电位(0 V)时,u_{o1} 从 $+U_Z$ 变为 $-U_Z$。当 $u_{o1} = -U_Z$ 时,由叠加原理知运放 A_1 的同相输入端电压为

$$u_{1+} = \frac{R_1}{R_1 + R_2}(-U_Z) + \frac{R_2}{R_1 + R_2}u_o$$

此时积分电容 C 开始放电,u_o 按线性规律上升,同时拉动运放 A_1 的同相输入端电位上升。当运放 A_1 的同相输入端电位略大于零时,u_{o1} 从 $-U_Z$ 变为 $+U_Z$。如此周期性地变化,A_1 输出的是矩形波电压 u_{o1},A_2 输出的是三角波电压 u_o,输出波形如图 2.61 所示。

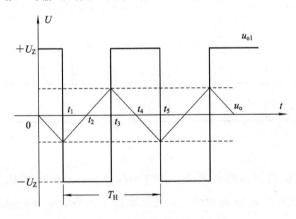

图 2.61　输出矩形波和三角波

当输出电压达到正向峰值 U_{om} 时,$u_{o1} = -U_Z$,A_1 的同相输入端电压 $u_{1+} = 0$,所以有

$$u_{1+} = -\frac{R_1}{R_1 + R_2}U_Z + \frac{R_2}{R_1 + R_2}u_o = 0$$

则正向峰值为

$$U_{om} = \frac{R_1}{R_2}U_z$$

同理，负向峰值为

$$-U_{om} = \frac{R_1}{R_2}U_z$$

振荡周期为

$$T = 4R_4C\frac{U_{om}}{U_z} = \frac{4R_4R_1C}{R_2}$$

2. 矩形波、三角波发生器实验电路设计

1）设计要求

设计一种用运放组成的矩形波、三角波发生器，给定运放工作电压为±12 V，输出三角波频率为100～500 Hz，矩形波幅度的峰峰值为6 V，三角波幅度的峰峰值为3 V，误差范围为±10%，选择器件、设计电路，并计算电路参数，画出正确、完整的电路图。

2）参考电路的设计选定

根据设计要求，可选用如图2.60所示的原理电路。

3）集成运放型号的确定

因为矩形波的前后沿与比较器的转换速率有关，当矩形波频率较高或对矩形波前后沿有要求时，应选用高速型运放组成比较器，选用失调及温漂小的运放组成积分器。本实验要求的振荡频率不高，无其他特别要求，所以可选用通用运放 TL082 或 TL084、MA741 或 LM324 等。

4）稳压管型号和限流电阻 R_4 的确定

根据设计要求，应选用稳压值为±6 V、误差为±10%、稳压电流≥10 mA 且温度稳定性好的稳压管，如 2DW231 或 2DW7B 等。其限流电阻 R_3 为

$$R_3 \geqslant \frac{u_{o1m} - U_{Zmin}}{I_{Zm}} = \frac{12 - 5.4}{30} = 220 \ \Omega$$

实际取 $R_3 = 1 \ k\Omega$。

5）分压电阻 R_1、R_2 和平衡电阻 R_6 的确定

R_1、R_2 的作用是提供一个随输出矩形波电压而变化的基准电压，并决定三角波的幅值。一般根据三角波幅值来确定 R_1、R_2 的阻值。根据电路原理和设计要求可得

$$U_{om} = \frac{U_zR_1}{R_2} = \frac{6 \times R_1}{R_2} = 3 \ V$$

故 $R_2 = 2R_1$。实际电路中，R_1 的阻值太小会造成输出波形失真，一般取 $R_1 \geqslant 5.1 \ k\Omega$。随之可确定 R_2，$R_6 = R_1 // R_2$。

6）积分元件 R_4、C 以及平衡电阻 R_5 的确定

根据实验原理和设计要求，应有

$$f_{om} = 500 \ Hz = \frac{R_2}{4R_4R_1C}$$

即

$$R_4 = \frac{R_2}{4CR_1f_{om}}$$

选取 C 的值，并代入已确定的 R_1 和 R_2 的值，即可求出 R_4 的值。但选取 R_4 的阻值时应该选择比计算值略小些，否则输出频率达不到上限要求。为了减小积分漂移，C 值应取得大些，但太大则漏电流也增大，一般积分电容 C 不超过 $1\ \mu\mathrm{F}$。为满足下限频率要求，R_4 支路应串入可变电阻 R_P，从而有

$$f_{\mathrm{omin}} = 100\ \mathrm{Hz} = \frac{R_2}{4R_1C(R_4 + R_\mathrm{P})}$$

即

$$R_\mathrm{P} = \frac{R_2}{4R_1Cf_{\mathrm{omin}}} - R_4$$

按照上式算出 R_P 的阻值后，取值可适当增大，以保证下限频率留有余量。平衡电阻 R_5 可取 $10\ \mathrm{k\Omega}$ 或者取 $R_5 = R_4$，取值太小会增加失调电压。

7）末级缓冲放大器

为防止示波器的探头以及测量时的各种仪器对前级波形的干扰，或为加大带载能力，可用末级缓冲放大器来实现。末级缓冲放大器电路如图 2.62 所示。通过运算放大器的线性电路，可实现放大和隔离作用。

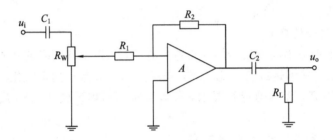

图 2.62 末级缓冲放大器电路

8）实验电路的绘制

画出正确、完整的实验电路(包括器件参数、型号、脚号、极性等)。

3. 利用 DAC0832 产生阶梯波形

1）设计任务

利用 74LS161 集成计数器和 DAC0832 数/模转换芯片产生阶梯波。阶梯波的波形如图 2.63 所示。其中每一阶梯的幅度不限，阶梯波的阶数也不限。

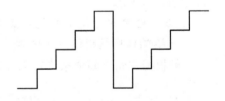

图 2.63 阶梯波示意图

2）预习要求

(1) 熟悉 DAC0832 的引脚排列及工作原理。

(2) 熟悉 74LS161 计数器的引脚排列及工作原理。

(3) 设计相应的电路图，标注元器件参数，并用 Multisim 进行仿真验证。

3）仪器设备及元器件

(1) 直流稳压电源。

(2) 数字万用表。

(3) 实验箱或面包板。

（4）器件：DAC0832、74LS161、74LS194、74LS00、74LS20、74LS08、74LS32 以及电阻、电容若干。

4）设计报告要求

（1）写明设计题目、设计任务、实验条件及设备和元器件清单。

（2）绘出经过实验验证后的电路原理图。

（3）编写设计说明、使用说明和设计报告。

（4）列出设计参考资料。

2.6　集成稳压器的设计与应用

一、实验目的

（1）了解单相整流、滤波和稳压电路的工作原理。

（2）学会直流稳压电源电路的设计与测试方法。

（3）掌握集成稳压器的特点，会合理选择和使用。

二、预习要求

（1）学习直流稳压电源的工作原理。

（2）了解集成直流稳压电源的性能指标和基本参数。

三、实验原理

1. 集成直流稳压电源电路的组成

直流稳压电源在兵器、广播、电视、电信、计算机等领域应用十分广泛。直流电源除了少数直接利用干电池和直流发电机提供外，都是采用把交流电（市电）转变为直流电的方法获得的。直流稳压电源通常由电源变压器、整流电路、滤波电路和稳压电路四部分组成，其原理框图如图 2.64 所示。

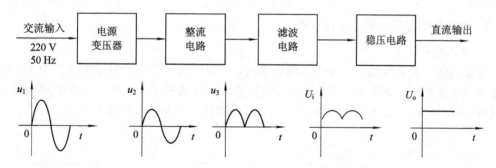

图 2.64　直流稳压电源的原理框图

电网供给的交流电压 u_1（220 V，50 Hz）经电源变压器降压后，得到符合电路需要的交流电压 u_2，然后由整流电路变换成方向不变、大小随时间变化的脉动电压 u_3，再用滤波器滤除其交流分量，就可得到比较平直的直流电压 U_i。但这样的直流输出电压还会随交流电网电压的波动或负载的变动而变化，在对直流供电要求较高的场合，还需要使用稳压电路，以保证输出直流电压的稳定。

2. 集成直流稳压电源的性能指标

稳压电源的技术指标分为两种：一种是特性指标，包括允许的输入电压、输出电压、输出电流及输出电压调节范围等；另一种是质量指标，用来衡量输出直流电压的稳定程度，包括纹波电压、稳压系数(或电压调整率)、输出电阻(或电流调整率)、温度系数等。

1) 纹波电压

纹波电压是指叠加在输出电压 U_o 上的交流分量，可利用示波器观察其峰峰值 ΔU_{opp}。

2) 稳压系数及电压调整率

稳压系数 S 用来反映电网电压波动时对稳压电路的影响，定义为当负载电流、环境温度不变时，输出电压的相对变化与输入电压的相对变化之比，即

$$S = \frac{\Delta U_o / U_o}{\Delta U_i / U_i}$$

电压调整率是输入电压相对变化为 $\pm 10\%$ 时的输出电压相对变化量，即

$$K_U = \frac{\Delta U_o}{U_o}$$

稳压系数和电压调整率都是说明输入电压变化对输出电压的影响，因此只需测试其中之一即可。

3) 输出电阻及电流调整率

输出电阻用来反映稳压电路受负载变化的影响。与放大器输出电阻相同，定义为当输入电压、环境温度不变时，输出电压变化量与输出电流变化量之比的绝对值，即

$$r_o = \left| \frac{\Delta U_o}{\Delta I_o} \right|$$

电流调整率是输出电流从 0 变到最大值 I_{Lmax} 时所产生的输出电压的相对变化值，即

$$K_I = \frac{\Delta U_o}{U_o}$$

输出电阻和电流调整率都是说明负载电流变化对输出电压的影响，因此只需测试其中之一即可。

3. 集成直流稳压电源的工作原理

1) 整流电路

整流电路主要是利用二极管的单向导电性，把交流电整流得到脉动的直流电。整流电路可分为半波整流、全波整流和桥式整流。整流部分通常采用由四个二极管组成的桥式整流电路(又称桥堆)，如 2W06(或 KBP306)，其内部接线和外部引脚如图 2.65 所示。

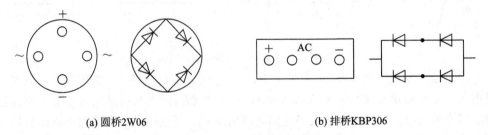

(a) 圆桥2W06   (b) 排桥KBP306

图 2.65 桥式整流器内部接线和外部引脚

变压器降压后输出电压波形如图 2.66(a)所示,整流后的电压波形如图 2.66(b)所示,其输出的脉动电压平均值为

$$U_3 = \frac{1}{\pi}\int_0^\pi \sqrt{2}U_2 \ \sin\omega t \ dt = \frac{2\sqrt{2}}{\pi}U_2 \approx 0.9U_2$$

桥式整流电路中流过二极管的平均电流为

$$I_{DAV} = \frac{1}{2}I_{LAV}$$

其中,I_{LAV}为负载平均电流。桥式整流电路中二极管承受的最大反向电压为

$$U_{RM} = \sqrt{2}U_2$$

2)滤波电路

滤波电路是利用电容或电感将脉动直流电压变成较平滑的直流。滤波电路有电容式、电感式、电容电感式、电容电阻式,具体需根据负载电流大小和电流变化情况以及对纹波电压的要求来选择。最简单的滤波电路就是把一个电容与负载并联后接入整流输出电路,其整流滤波后的电压波形如图 2.66(c)所示。

桥式整流后电容滤波电路的输出电压为

$$U_i = (0.9 \sim \sqrt{2})U_2$$

其系数大小主要由负载电流大小决定。负载电阻很小时,$U_i = 0.9U_2$;负载电阻开路时,$U_i \approx 1.4U_2$。滤波电容需满足

$$C \geqslant (3 \sim 5)\frac{T}{2R_L} \qquad (T = 0.02 \text{ s})$$

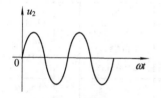

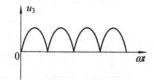

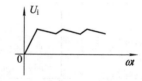

(a) 变压器输出波形　　　　(b) 整流电路输出波形　　　　(c) 滤波电路输出波形

图 2.66　整流滤波电路的电压波形

3)稳压电路

稳压电路是直流稳压电源的核心。最简单的稳压电路是由一个电阻和一个稳压二极管组成的,它适用于电压值固定不变,而且负载电流变化较小的场合。早期的稳压电路常由稳压管和三极管等组成,由于其电路较复杂和功能不强等原因,现已很少使用。随着半导体工艺的发展,稳压电路也制成了集成器件。由于集成稳压器具有体积小、成本低、性能好、外接线路简单、使用方便、功能强、工作可靠性高等优点,因此在各种电子设备中应用十分普遍,基本上取代了由分立元件构成的稳压电路。在本实验的设计中,要求采用集成稳压器进行稳压。

(1) 固定式三端集成稳压器。CW78XX 系列是多种固定正电压输出的集成稳压器。CW79XX 系列是多种固定负电压输出的集成稳压器。固定式三端集成稳压器的主要技术指标如表 2.30 和表 2.31 所示。

表 2.30　固定正输出三端集成稳压器的主要技术指标

型　号	主要技术指标						封装形式	国外对应产品
	输入电压范围/V	输出电压/V	最大输出电流/mA	最小输入、输出电压差/V	电压调整率 S_U/mV（条件）	电流调整率 S_I/mV（条件）		
CW78L00	35～40	5、6、8、12、15、18、20、24	100	3	200（$U_o=5$ V，$I_o=40$ mA）	60（$U_o=5$ V，1 mA$\leqslant I_o$ $\leqslant$100 mA）	T（金属圆壳）、S(塑料单列)	LM78L00 MC78L00 μA78L00
CW78M00	35～40	5、6、8、12、15、18、20、24	500	3	50（$U_o=5$ V，$I_o=100$ mA）	100（$U_o=5$ V，5 mA$\leqslant I_o$ $\leqslant$500 mA）		LM78M00 MC78M00 μA78M00
CW7800	30～40	5、6、8、12、15、18、20、24	1500	3	50（$U_o=5$ V，$I_o\leqslant1$ A）	50（$U_o=5$ V，1 mA$\leqslant I_o$ $\leqslant$1.5 A）		LM7800 MC7800

表 2.31　固定负输出三端集成稳压器的主要技术指标

型号	主要技术指标						封装形式	国外对应产品
	输入电压范围/V	输出电压/V	最大输出电流/mA	最小输入、输出电压差/V	电压调整率 S_U/mV（条件）	电流调整率 S_I/mV（条件）		
CW79L00	−35～−40	− 5、− 6、− 8、− 12、−15、−18、−20、−24	100	3	200（$U_o=5$ V，$I_o=40$ mA）	50（$U_o=-5$ V，1 mA$\leqslant I_o$ $\leqslant$100 mA）	T、S	LM79L00 MC79L00 NJM79L00
CW79M00	−35～−40	− 5、− 6、− 8、− 12、−15、−18、−20、−24	500	3	50（$U_o=5$ V，$I_o=350$ mA）	100（$U_o=-5$ V，5 mA$\leqslant I_o$ $\leqslant$500 mA）		LM79M00 μA79M00 AN79M00 μPC79M00
CW7900	−30～−40	− 5、− 6、− 8、− 12、−15、−18、−20、−24	1500	3	50（$U_o=5$ V，$I_o\leqslant500$ mA）	100（$U_o=-5$ V，5 mA$\leqslant I_o$ $\leqslant$1.5 A）		LM7900 MC7900 SG7900 AN7900

图 2.67 所示为 CW78XX 系列与 CW79XX 系列稳压器的外形和接线图。

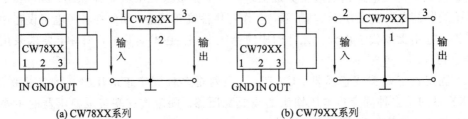

(a) CW78XX系列　　　　　　　　(b) CW79XX系列

图 2.67　稳压器的外形和接线图

固定式三端集成稳压器(以 CW7800 为例)的典型应用电路如图 2.68 所示,将输入端接整流滤波的输出,输出端接负载电阻,构成串联型稳压电路。

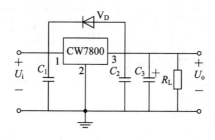

图 2.68　固定式三端集成稳压器的典型应用电路

(2) 可调式三端集成稳压器。CW117/217/317 系列为可调正电压输出的集成稳压器。CW137/237/337 系列为可调负电压输出的集成稳压器。可调式三端集成稳压器的主要技术指标如表 2.32 所示。

表 2.32　可调式三端集成稳压器的主要技术指标

产品类型	型号	主要技术指标						封装形式	国外对应产品
		最大输入电压 /V	输出电压范围 /V	最大输出电流 /A	最小输入、输出电压差 /V	电压调整率 /(%)	电流调整率 /(%)		
正输出	CW117	40	1.2～37	1.5	3	0.01 ($T_J=25℃$)	0.1 ($T_J=25℃$)	K(金属菱形)、T(金属圆壳)、S(塑料单列)	LM117 μA117 SG117
	CW217	40	1.2～37	1.5	3	0.01 ($T_J=25℃$)	0.1 ($T_J=25℃$)		LM217 μA217 SG217
	CW317	40	1.2～37	1.5	3	0.01 ($T_J=25℃$)	0.1 ($T_J=25℃$)		LM317 μA317 SG317
负输出	CW137	−40	−1.2～−37	1.5	3	0.01 ($T_J=25℃$)	0.3 ($T_J=25℃$)	K、T、S	LM137 μA137 SG137
	CW237	−40	−1.2～−37	1.5	3	0.01 ($T_J=25℃$)	0.3 ($T_J=25℃$)		LM237 μA237 SG237
	CW337	−40	−1.2～−37	1.5	3	0.01 ($T_J=25℃$)	0.3 ($T_J=25℃$)		LM337 μA337 SG337

图 2.69 所示为 CW317 稳压器的外形和接线图。

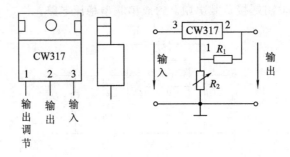

图 2.69　CW317 稳压器的外形和接线图

可调式三端集成稳压器(以 CW317 为例)的典型应用电路如图 2.70 所示，输出电压为

$$U_{\text{o}} = \left(1 + \frac{R_2}{R_1}\right) \times U_{\text{REF}}$$

因为 $U_{\text{REF}} \approx 1.25$ V，所以

$$U_{\text{o}} \approx 1.25\left(1 + \frac{R_2}{R_1}\right)$$

最大输入电压 $U_{\text{imax}} = 40$ V，输出电压范围 $U_{\text{o}} = (1.2 \sim 37)$ V。

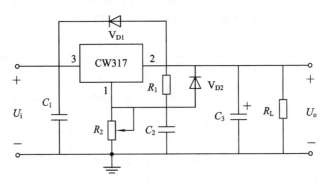

图 2.70　可调式三端集成稳压器的典型应用电路

4. 集成直流稳压电源设计实例

1）设计要求

设计一个固定输出直流稳压电源，性能指标满足以下要求：输出电压 $U_{\text{o}} = 12$ V；输出电流 $I_{\text{omax}} = 800$ mA；稳压系数 $S \leqslant 3 \times 10^{-3}$；纹波电压 $\Delta U_{\text{opp}} < 10$ mV。

2）设计思路及步骤

由输出电压 U_{o}、输出电流 I_{o} 确定稳压电路的形式，通过计算极限参数（电压、电流和功耗）选择元件，由稳压电路所要求的输入直流电压 U_{i}、输入直流电流 I_{i} 确定整流滤波电路的形式，选择整流二极管及滤波电容并确定变压器的次级电压 U_2、电流 I_2 以及变压器的功率，由电路的最大功耗工作条件确定稳压器、扩流功率管的散热措施，最后搭建电路验证设计的电路性能指标是否符合要求，设计流程如图 2.71 所示。

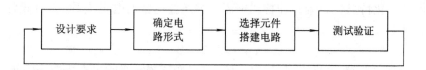

图 2.71 设计流程

3) 电路设计

（1）确定电路形式。根据设计要求，电源所需功率较小，负载变化不大，但对输出直流电压纹波要求较高，所以采用桥式整流和电容滤波电路；输出电压为固定正输出，可选择 CW78XX 系列三端集成稳压器。电路形式如图 2.72 所示。

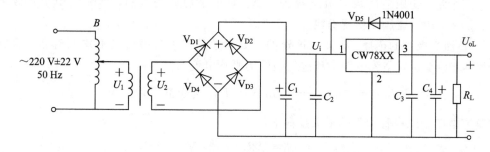

图 2.72 设计电路形式

（2）计算参数和选择元器件。采用从输出级开始倒推的方法，计算参数、选择元器件。

① 集成稳压器的选择。设计要求输出电源电压为 $U_o = 12$ V，输出电流为 $I_{omax} = 800$ mA。查表 2.33 可知，CW7812 满足设计要求。CW7812 维持正常输出时要求其输入电压 15 V $\leqslant U_i \leqslant$ 35 V。

表 2.33 CW78XX 系列三端集成稳压器的主要参数

参数 系列	输入电压 U_i/V	输出电压 U_o/V	最大输出电流 I_{omax}/A	电压调整率 S_U/mV	输出电阻 r_o/mΩ	输出电压温度系数 S_T/(mV/C)	静态工作电流 I_d/mA	最小输入电压 U_{imin}/V	最大输入电压 U_{imax}/V	最大耗散功率 P_{DM}/W
CW7805	10	5	1.5	7.0	17	1.0	8	8	35	15
CW7806	11	6	1.5	8.5	17	1.0	8	9	35	15
CW7809	14	9	1.5	12.5	17	1.2	8	12	35	15
CW7812	19	12	1.5	17	18	1.2	8	15	35	15
CW7815	23	15	1.5	21	19	1.5	8	18	35	15
CW7818	26	18	1.5	25	22	1.8	8	21	35	15
CW7824	35	24	1.5	33.5	28	2.4	8	27	40	15

② 变压器的选择。变压器的主要参数是功率、次级电压和电流。由图 2.72 知，U_i 是变压器次级输出电压 U_2 经桥式整流和电容滤波后得到的，即

$$U_i = (0.9 \sim \sqrt{2})U_2$$

根据电网变化情况（±10%）和桥式整流电容滤波电路的电压关系，倒推设计、计算 U_2 的电压值，即

$$U_2 \approx 1.2 \times U_i$$

电路中稳压器要求 U_i 满足 15 V $\leqslant U_i \leqslant$ 35 V，所以变压器次级输出电压应该满足 17 $\leqslant U_2 \leqslant$ 30，可以选定变压器次级输出电压 $U_2 = 17$ V。

由于电源额定输出为 12 V、800 mA，满载时输出功率为 9.6 W，理想情况下整流滤波输出功率应为 9.6 W，所以整流滤波输出平均电流为

$$I_{LAV} = \frac{9.6}{0.9 \times U_2} = \frac{9.6}{0.9 \times 17} \approx 0.63 \text{ A}$$

留出一定余量，变压器次级电流选择为 1 A。对于小功率变压器，实际应用中其效率为 60%～70%，所以变压器功率确定为 30VA。

③ 整流二极管的选择。整流二极管的主要参数是流过二极管的平均电流和二极管承受的反向电压。桥式整流电路中流过二极管的平均电流为

$$I_{DAV} = \frac{1}{2} I_{LAV} = 400\text{mA} \quad (I_{LAV} \text{ 为负载平均电流})$$

桥式整流电路中二极管承受的最大反向电压为

$$U_{RM} = \sqrt{2} U_2 = 24 \text{ V}$$

查器件手册知，选择二极管 1N4001 构成桥式电路（或选择桥堆）可满足设计要求。

④ 滤波电容的选择。滤波电容的主要参数是电容的容量 C 和电容的额定电压 U_R。为了得到比较平稳的直流输出电压，滤波电容需满足

$$C \geqslant (3 \sim 5) \frac{T}{2R_L} \quad (T = 0.02 \text{ s})$$

即滤波电容容量 $C = (2000 \sim 3300)$ μF，额定电压 $U_R \geqslant 35$ V。

⑤ 其他。集成稳压器离滤波电容 C_1 较远时，应在稳压器靠近输入端和输出端处各接一只 0.1～0.33 μF 的旁路电容 C_2、C_3。

集成稳压器在没有容性负载的情况下可以稳定工作，但当输出端有 500～5000 pF 的容性负载时，就容易发生自激。为了抑制自激，在输出端接入 20 μF 左右的电容 C_4，该电容还可改善电源的瞬态响应。但接入该电容后，集成稳压器的输入一旦发生短路，C_4 将对稳压器输出端放电，损坏稳压器，所以稳压器输入、输出端接一只保护二极管 V_{D5}，选择 1N4001 即可满足要求。

（3）连接电路。按照计算的参数和选定的元器件连接如图 2.72 所示的电路。

4）测试验证

（1）波形测试。用示波器分别测试 U_2、U_i、U_o 的波形。

（2）输出电压测量。用数字万用表测量直流稳压电源输出电压 U_o。

（3）输出纹波电压测试。用示波器交流耦合方式测量输出电压纹波 U_{opp}。

（4）稳压系数 S 测量。改变输入电压 U_i，由 17 V 变到 19 V，测量输出电压变化量 ΔU_o，计算 S，即

$$S = \frac{\Delta U_o / U_o}{\Delta U_i / U_i}$$

（5）输出电阻 r_o 测量。改变负载电阻 R_L 的大小，由 120 Ω 变到空载，测量 ΔU_o、ΔI_o，

计算 r_o，即

$$r_\text{o} = \frac{|\Delta U_\text{o}|}{|\Delta I_\text{o}|}$$

四、实验仪器

本次实验需要的实验仪器如表 2.34 所示。

表 2.34 实 验 仪 器

序号	仪 器 名 称	功 能 作 用	数量
1	双踪示波器	观测输入/输出波形	1
2	数字万用表	测量输入/输出电压	1
3	实验箱	搭建电路	1

五、实验内容

设计、制作一个输出连续可调的直流稳压电源，满足下面的设计要求：

(1) 输出电压：$U_\text{o} = (5\sim12)$ V。

(2) 输出电流：$I_\text{omax} = 1$ A。

(3) 稳压系数：$S \leqslant 4 \times 10^{-3}$。

(4) 纹波电压：$\Delta U_\text{opp} < 5$ mV。

六、实验步骤

(1) 确定电路形式。

(2) 计算电路参数，并选择元器件。

(3) 连接电路。

(4) 验证电路性能指标。

(5) 制版。

(6) 安装与调试。

(7) 写出设计报告，分析、总结设计过程中存在的问题。

七、思考题

(1) 简述集成直流稳压电源的工作原理。

(2) 用示波器观察变压器次级电压波形，与图 2.66(b) 比较有何区别？为什么？

(3) 稳压器输入、输出端的电容有何作用？

八、实验报告要求

(1) 设计实验方案和步骤。

(2) 提交设计报告。

九、知识拓展

1. 集成稳压器的扩展应用

在工程实践中，常用到一些非标准的稳压电源，或者当所需的元器件缺少时，可根据现有的条件和元器件进行适当的组合，以达到扩展电源输出电压或输出电流的目的。下面介绍几种实用电路。

1）可调扩压电路

可调扩压电路如图 2.73 所示。

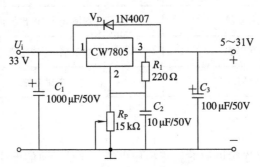

图 2.73　可调扩压电路

2）稳压管电压提升电路

稳压管电压提升电路如图 2.74 所示。

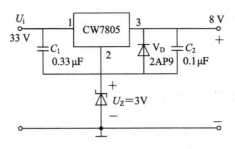

图 2.74　稳压管电压提升电路

3）大功率三极管扩流电路

一般塑料封装的 CW78XX 系列集成稳压器的最大输出电流为 1.5 A，当需要较大输出电流时，可采用大功率三极管扩流电路来实现，电路如图 2.75 所示。

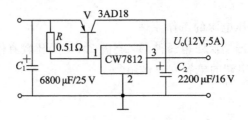

图 2.75　大功率三极管扩流电路

2. 开关电源

与线性电源相比，开关电源中的调整管工作在开关状态。在调整管截止期间，穿透电流 I_{CEO} 很小，消耗的功率也很小，而调整管饱和导通时，功耗为饱和压降 U_{CES} 与集电极电流 I_C 的乘积，管耗也很小。因此，调整管的管耗主要发生在工作状态从开到关或从关到开的转换过程。开关电源的主要损耗就是开关损耗，所以开关电源的效率可提高到 80%～90%。

1) 开关稳压电源控制器 SG3524

SG3524 是模拟数字混合集成电路，是一个性能优良的开关电源控制器，其内部结构框图如图 2.76 所示，图中给出了引脚标号。SG3524 的内部包括 5 V 参考电源、误差放大器、限流保护电路、电压比较器、振荡器、触发器、输出逻辑控制电路和功率输出级电路等。

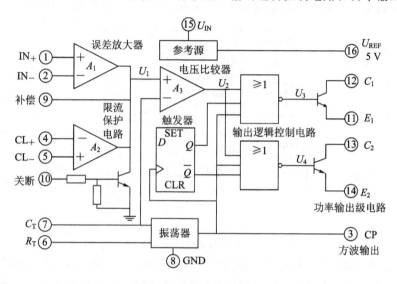

图 2.76 SG3524 的内部结构框图

参考电源是一个典型的小功率串联调整型线性稳压电源，输入电压为 8～40 V，输出电压为 5 V，输出电流为 20 mA，电压调整率为 $K_U=0.01\%$，电流调整率为 $K_I=0.4\%$。输出电压不仅可以作为芯片内其他部件的电源，同时也提供给比较器作为基准电源。

误差放大器的输出端从 9 脚引出，9 脚与 1 脚之间跨接电阻可控制放大器的增益，为使放大器稳定工作，可在放大器的输出端到地之间串入 RC 网络进行补偿。误差放大器的输出和外接电容 C_T 上的电压加到电压比较器上，比较器的输出去驱动或非门，用于输出级晶体管的控制。C_T 上的电位高于误差放大器输出端的电位时，电压比较器输出高电平，或非门输出低电平，输出晶体管处于截止状态；反之，C_T 上的电位低于误差放大器输出端的电位时，电压比较器输出低电平，或非门输出高电平，输出晶体管处于饱和导通状态。

限流保护电路的输出接在误差放大器的输出端 9 脚，过流信号接在限流放大器的反相输入端 4 脚。当过流信号达到一定值时，限流放大器输出低电平，将误差放大器的输出钳制为低电平，电压比较器输出 U_2 高电平，迫使输出晶体管截止。

SG3524 内部还有关断电路，它的输出也接在误差放大器的输出端 9 脚，关断电路的输入端通过 10 脚引出。若 10 脚接高电平，同样可以将误差放大器的输出钳制为低电平，电压比较器输出 U_2 高电平，迫使输出晶体管截止。

振荡器使用基准电压 5 V 工作,通过外接 R、C 元件组成充放电回路,来决定振荡频率。振荡器输出的锯齿波加到电压比较器的反相输入端,和误差放大器的输出进行比较后,比较器输出矩形脉冲去控制输出级晶体管。振荡器的输出脉冲有两个用途:一是作为时钟脉冲送至内部的 D 触发器,因 Q 和 $\overline{Q}$ 的状态始终相反,所以两路输出晶体管的开与关是交替的;二是作为死区时间控制用,它直接送至两个或非门,作为封锁脉冲,以保证两个输出管开与关的交替瞬间有一段死区,两个管子不会同时导通。

SG3524 的输出部分是两只中功率的 NPN 型晶体管,每个管子的集电极和发射极都从电路引出,其集电极和发射极电位都由外加电路决定。

2) SG3524 的性能测试

SG3524 的基本性能测试电路如图 2.77 所示。

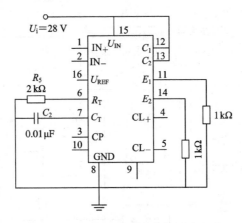

图 2.77　SG3524 的基本性能测试电路

(1) 测量 SG3524 内部振荡器输出信号的频率及幅度。按图 2.77 所示连接电路,用示波器的两个通道分别观察与记录 3 脚(方波)和 7 脚(锯齿波)的电压波形,并测量信号的频率、幅度以及 3 脚脉冲的脉宽。

将 R_5 变为 1 kΩ,观察 3 脚和 7 脚输出信号的频率变化情况。

(2) 观察 SG3524 的脉宽控制作用。9 脚引入一可调直流电压 U_i(电压变化范围在 7 脚输出锯齿波幅度范围内),用示波器同时观察 11 脚和 14 脚的脉冲波形,并观察输出脉冲宽度 t_W 随电压 U_i 的变化情况,将测量结果填入表 2.35 中。

表 2.35　输出脉冲宽度 t_W 与输入电压 U_i 的关系

U_i/V	1	1.5	2	2.5
$t_W/\mu s$				

(3) 验证 SG3524 的关断功能。用可调直流电源在 9 脚加 2～3 V 的直流电压,使 11 脚和 14 脚产生输出波形,然后在 10 脚加入一可调直流电压,观察电压升高到一定数值时,输出波形消失。

3) 实际应用

图 2.78 所示电路是由 SG3524 构成的开关电源稳压电路。电路连接好后,测试输出电压 U_o 和 11 脚输出脉冲的占空比 D,若电路正常,可继续进行测试。

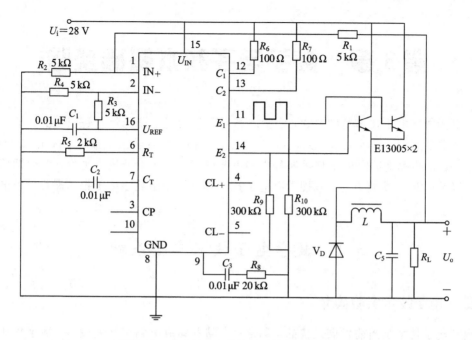

图 2.78 由 SG3524 构成的开关电源稳压电路

(1) 按表 2.36 进行测试，将结果填入表中，计算电压调整率和电流调整率。

表 2.36 稳压性能测试表

参 数	条 件	测 试 结 果	
		U_o	D
电压调整率	$R_L = 100\ \Omega$	$U_{IN} = 23\ V$	
		$U_{IN} = 33\ V$	
电流调整率	$U_{IN} = 28\ V$	$R_L = 510\ \Omega$	
		$R_L = 51\ \Omega$	

(2) 用示波器观察 U_o 的纹波电压大小和频率。

(3) 将 R_5 减小到 $1\ k\Omega$，用示波器观察纹波大小和频率的变化情况。

(4) 分析、总结开关电源稳压原理。

第3章 数字电子技术基础实验

本章为数字电子技术基础实验，实验内容主要包括门电路与组合逻辑电路、集成触发器和计数器的应用、译码显示电路、555时基电路、移位寄存器及其应用、A/D和D/A转换技术等，这些都是数字电子技术课程中的重要内容。数字电子技术实验方法包括传统实验方法以及FPGA实验方法，掌握数字电子技术实验技能是数字电子技术课程学习的重要环节。

3.1 数字电子技术实验基础

一、数字电子技术实验简介

数字电子技术是当前发展最快的学科之一。随着集成电路工艺的发展，数字集成器件已经经历了从小规模集成电路(SSI)、中规模集成电路(MSI)、大规模集成电路(LSI)到超大规模集成电路(VLSI)的发展过程。特别是半导体存储器和可编程逻辑器件的使用，使得数字电子技术在各个领域得到了非常广泛的应用。而且，数字电子技术是计算机课程的基础，更是通信、信号与信息处理等领域不可缺少的重要组成部分。数字电子技术实验是实践性很强的一门课程，因此，在学好理论课程的同时，还要理论联系实际，动手做好数字电子技术实验，这是十分必要的。

数字电子技术实验通常采取的实验方法有两种。对于简单的数字逻辑设计，一般采用的是一种自底向上的传统的手工实验设计方法。首先按照设计要求，画出逻辑状态真值表，利用各种方法化简出最简的逻辑表达式，再画出逻辑电路图；然后选择不同功能的器件和集成电路芯片，搭接实际电路，实现各自独立功能的电路模块；最后将各个模块连接起来，组成完整的数字系统。这种设计方法的优点是符合设计者的基本逻辑思维和设计习惯；缺点是从底层的独立模块的设计开始，系统的调试、错误排查、修改都比较困难，特别是对于大规模的复杂电路，已无法满足设计者的要求。另一种方法是自顶向下的设计方法，除硬件电路之外，还需要加上软件，即使用可编程器件采用软、硬结合的方法完成电路功能。首先从系统的概念设计开始，使用硬件描述语言(如Verilog HDL)描述并定义系统的行为特性，在仿真开发环境下(如Quartus Ⅱ可编程逻辑开发软件)，经过设计输入、约束输入、综合、布局布线、仿真、编程和配置等过程，完成复杂数字电路系统的设计。对于刚开始学习数字电路知识的初学者，本书采用双管齐下的方法完成所讲授的数字电路实验，目的是从简单的原理入手，在传统实验方法的基础上，进一步学习采用先进的EDA技术，为后续深入学习设计复杂数字电路系统打下基础。

数字电子技术实验要求根据给定的实验目的、内容和要求，自行设计实验电路，在实验室通过搭建电路来检测是否达到实验要求。实验的目的主要是整体方案设计以及各部分电路逻辑设计，锻炼学生的综合知识运用以及实际问题解决的能力。

二、Verilog HDL 简介

Verilog HDL 是 ASIC 和 FPGA 设计领域应用最广泛的硬件描述语言之一。要想掌握 Verilog HDL，必须先学习它的一些基本语法规则，了解其程序的基本结构。

1. Verilog HDL 简介

Verilog HDL 最初是于 1983 年由 Gateway Design Automation 公司的 Phil Moorby 首创的为其模拟器产品开发的硬件建模语言，是以 C 语言为基础发展起来的，充分保留了 C 语言的简洁、效率高的编程风格，对于具有 C 语言编程经验的设计者来说，很容易学习和掌握。Verilog HDL 继承了 C 语言中的多种操作符和结构，提供了扩展的建模能力，可用于从算法级、门级到开关级的多种抽象设计层次的数字系统建模，能够描述设计的行为特性、设计的数据流特性、设计的结构组成及包含响应监控和设计验证方面的时延与波形产生机制。

2. Verilog HDL 程序的基本结构

Verilog HDL 将数字系统描述为一组模块(module)。模块是 Verilog HDL 的基本描述单位。每一个模块都含有以下内容：和其他模块的接口；该模块内部逻辑结构所规定的逻辑单元内容。模块可以由一些实际逻辑门的具体元件通过 Nets(连线)互连而成，也可以是一种行为化的描述，该描述为一段数据流或者是一种行为的赋值表达式。

一个 Verilog HDL 程序主要包括以下四个部分。

1）模块定义行

模块在语言形式上是以关键字 module 开始、endmodule 结束的一段程序，其中开始语句必须以分号结束。模块端口定义了模块的输入/输出端口，格式如下：

  module 模块名(端口名 1，端口名 2，…)；
   ⋮
  endmodule

2）端口类型说明

Verilog HDL 端口的类型有三种：input(输入)、output(输出)和 inout(双向端口)。在模块名后的端口都应在此处说明其 I/O 类型。端口类型说明的格式如下：

  端口类型 端口名；

3）数据类型说明

Verilog HDL 支持的数据类型有连线类型和寄存器类型两类，用来说明模块中所用到的内部信号、调用模块等的声明语句和功能定义语句。每一类又可分为许多具体的数据类型，缺省的变量类型为 1 位 wire 类型。数据类型说明的格式如下：

  数据类型 端口名；

4）模块功能描述

模块功能描述用来产生各种逻辑(主要是组合逻辑和时序逻辑)。Verilog HDL 中主要有以下三种模块功能描述方法。

（1）用"assign"来声明一个语句。例如：

  assign e＝(～(a&b))|(～(c&d))；

其中：& 表示与运算；| 表示或运算；～表示取非运算。

(2) 使用例化语句。Verilog HDL 提供了一些基本的逻辑门模块。被调用的元件即为例化元件，用户也可以调用自定义的模块，被调用的模块称为例化模块。例化模块的格式如下：

门类型关键字〈例化名〉(〈端口列表〉);

例如：

nand na2(out，a，b);   //描述 2 输入与非门

(3) 使用"always"语句。在描述时序逻辑时经常使用 always 语句，其格式如下：

always @(〈event expression〉);

其中，尖括号内的语句为敏感信号或表达式。当敏感信号或表达式的值发生变化时，执行 always 块内的语句。

Verilog HDL 模块定义的一般结构如下：

module 顶层模块名(端口名 1，端口名 2，端口名 3，…);

   output 输出端口列表;

   input 输入端口列表;

   inout 输入/输出端口列表;

   参数定义(可选);

   数据类型定义(wire，reg 等);   //说明部分

   实例化底层模块和基本门级元件;

   连续赋值语句(assign);

   过程块结构(initial 和 always);

   行为描述语句;   //模块逻辑功能描述部分

endmodule

3. Verilog HDL 的语言要素

Verilog HDL 是以 C 语言为基础发展而来的，因此具有与 C 语言类似的基本词法约定。Verilog HDL 的词法标识符包括空白符、注释符、标识符和关键字。

1) 空白符

空白符(也称间隔符)用于分隔其他字符，主要包括空格符(\b)、制表符 Tab (\t)、换行符(\n)和换页符。空白符可以使代码结构错落有致，方便阅读。换行符和空格符都可以作为间隔符，故可以在一页中书写多条语句。在编译、综合时，空白符被忽略。但是在字符串中空白符和制表符会被认为是有意义的字符。

2) 注释符

在 Verilog HDL 中，注释的格式与 C 语言中的相同，分为单行注释和多行注释。单行注释以"//"开始到行尾;多行注释以"/ *"开始、" * /"结束。

3) 标识符

标识符(Identifier)就是用户为程序描述中的 Verilog 对象所起的名字。标识符用于定义模块名、端口名、信号名等。Verilog HDL 中的标识符可以是任意一组字母、数字、$ 符号和_(下划线)符号的组合，但标识符的第一个字符必须是字母或者下划线。标识符最长可以是 1024 个字符。模块、端口和实例的名字都是标识符。标识符是区分大小写的。此外，标识符可以以反斜杠"\"开头、空白符结尾，称为转义标识符(Escaped Identifier)，但反斜杠本身和空白符都不属于标识符的组成部分。

4）关键字

Verilog HDL 中定义了一系列保留字，称之为关键字，用来定义语言的结构，通常为小写的字符串。例如：ALWAYS(标识符)不是关键字，它与 always(关键字)是不同的。

4. Verilog HDL 的数据类型

Verilog HDL 中共有 integer、parameter、reg、wire、large、medium、memory、time、scalared、small、tri、trio、tril、triand、trior、trireg、vectored、wand 及 wor 19 种数据类型。数据类型是用来表示数字电路硬件中的数据储存和传送元件的。另外，Verilog HDL 中也有常量和变量之分，它们分别属于 19 种数据类型。

1）常量的数据类型

Verilog HDL 中有三类常量：整型、实数型、字符串型。下划线符号(_)可以随意用在整数或实数中，它们对数量本身而言没有意义，但可提高可读性；唯一的限制是下划线符号不能作为首字符。

(1) Verilog HDL 中基本的逻辑数值状态。Verilog HDL 中有四种基本的逻辑数值状态，如表 3.1 所示。每一种值的解释都内置于语言中。例如：一个为 z 的值总是意味着高阻抗，一个为 0 的值通常是指逻辑 0。在门的输入或一个表达式中为"z"的值通常解释成"x"。对于状态"x"和"z"中，每一位代表的位宽取决于所用的进制。此外，可以在数值中间插入"_"以增加数值的可读性，x 值和 z 值都是不区分大小写的，z 也可以写为"?"。Verilog HDL 中的常量是由表 3.1 中的四类基本值组成的。

表 3.1 四值电平逻辑

状 态	含 义
0	低电平、逻辑 0 或"假"
1	高电平、逻辑 1 或"真"
X 或 x	不确定或未知的逻辑状态
Z 或 z	高阻态

(2) 整数型常量。在 Verilog HDL 中的整数有四种进制表示形式：二进制(b 或 B)整数、八进制(o 或 O)整数、十进制(d 或 D)整数及十六进制(h 或 H)整数。其基数符号和可以采用的数字字符集如表 3.2 所示。

表 3.2 基数符号和可以采用的数字字符集

数制	基数符号	合 法 表 示 符
二进制	b 或 B	0、1、x、X、z、Z、?、_
八进制	o 或 O	0~7、x、X、z、Z、?、_
十进制	d 或 D	0~9、_
十六进制	h 或 H	0~9、a~f、A~F、x、X、z、Z、?、_

整数的表达方式有以下三种：

$+/-\langle$对应的二进制数的位宽$'\rangle\langle$进制$\rangle\langle$数字$\rangle$　　　　$//+/-$是正数和负数标示

$\langle$进制$\rangle\langle$数字$\rangle$　　　//此时位宽为默认位宽

$\langle$数字$\rangle$　　　　　　//此时位宽为默认位宽，进制为默认十进制

例如：

$8'b11000101$　　　　　//位宽为 8 位的二进制数 11000101

$8'hd5$　　　　　　　　//位宽为 8 位的十六进制数 d5

$5'o27$　　　　　　　　//位宽为 5 位的八进制数 27

$X'B1X\_01$　　　　　　//位宽为 X 位的二进制数 1X01

$5'HX$　　　　　　　　//位宽为 5 位的十六进制数 X，即 XXXXX

$X'hz$　　　　　　　　//位宽为 X 位的十六进制数 z，即 zzzz

$8'h\ 2A$　　　　　　　//位宽与字符间允许有空格，"$'$"和基数之间不能有空格

$-8'D5$　　　　　　　//位宽为 8 位的十进制数-5

32　　　　　　　　　//位宽和进制都缺省的十进制数 32

使用整数时的注意事项如下：

① x 在十六进制数中代表 4 位，在八进制数中代表 3 位，在二进制数中代表 1 位。z 的表示方法同 x 类似，其代表的位宽取决于所用的进制。

② 当数字没有定义位宽时，默认为 32 位。

③ 数值常量中的下划线"_"是为了增加可读性，可以忽略。如 $8'b1100\_0110$ 表示 8 位二进制数。

④ 数值常量中的"?"表示高阻状态。例如："$2'B1?$"表示 2 位的二进制数中的一位是高阻状态。

⑤ 如果没有定义一个整数型的长度，则数的长度为相应值中定义的位数。例如：

$'o721$　　　　　　　//9 位二进制位宽的八进制数

$'hAF$　　　　　　　//8 位二进制位宽的十六进制数

⑥ 如果定义的长度比为常量指定的长度长，则在左边填 0 补位。但是如果数最左边一位为 x 或 z，则相应地用 x 或 z 在左边补位。例如：

$10'b10$　　　　　　　//左边填 0 补位，即 0000000010

$10'bx0x1$　　　　　//左边填 x 补位，即 xxxxxxx0x1

⑦ 如果定义的位宽比实际的位数小，则最左边的位相应地被截断。例如：

$3'b1001\_0011$　　　//与 $3'b011$ 相等

$5'h0FFF$　　　　　//与 $5'h1F$ 相等

（3）实数型常量。实数有以下两种表示方法。

① 十进制表示方法。采用十进制格式，小数点两边必须都有数字，否则为非法的表示形式。如：2.0、5.67 是正确的，2.是非法的表示形式。

② 科学计数法。如：X3_5.1e2 的值为 X3510.0（下划线忽略），9.6E2 的值为 960.0（e 不区分大小写），5E−X 的值为 0.0005，而.25、3.、7.E3、.8e−2 为无效格式。

实数转化为整数时，采取的是四舍五入的原则，而不是截断原则，且这种转化会自行发生。例如：在转化成整数时，实数 25.5 和 25.8 都变成 26，而 25.2 则变成 25。

（4）字符串常量。字符串是双引号内的字符序列，不能分成多行书写。若字符串用作

Verilog HDL 表达式或赋值语句中的操作数，则字符串被看做 8 位的 ASCII 值序列，每一个字符对应 8 位 ASCII 值。例如，字符串变量声明如下：

```
reg［8 * 12:1］stringvar;
initial
  begin
  stringvar="hello world!";
end
```

"\"用来表示一些特殊的字符(又称转义符)，表 3.3 给出了特殊字符的表示及其含义。

表 3.3 特殊字符的表示及其含义

特殊字符的表示	含　　义
\n	换行符
\t	制表符 Tab
\\	符号\
\ *	符号 *
\ddd	3 位八进制数表示的 ASCII 值
%%	符号%

(5) 定义 parameter 常量。用 parameter 定义的一个标识符代表一个常量，称为符号常量。采用标识符代表一个常量可以提高程序的可读性。定义 parameter 常量的格式如下：

  parameter 参数名 1＝表达式，参数名 2＝表达式，…；

例如：

  parameter msb＝7,f＝18；　　　　　//定义两个常数
  parameter average_delay＝(r＋f)/2　　　//用常数表达式赋值

2) 变量的常用数据类型

Verilog HDL 变量有两大类数据类型：wire 类型和 reg 类型。

(1) wire 类型。wire 类型的信号通常表示一种电气连接。例如，为模块内的信号连续赋值，该信号应定义为 wire 类型，该类型为 Verilog 中的默认类型，通常使用 assign 来进行赋值。如果没有驱动元件连接到连线，则缺省值为 z。其声明格式如下：

  wire 数据名 1，数据名 2，…；

或

  wire［n－1:0］数据名 1，数据名 2，…；

或

  wire［n:1］数据名 1，数据名 2，…；

其中：［n－1:0］和［n:1］表示数据的位宽。

例如：

  wire a,b；　　　　　　　//定义两个 1 位的 wire 类型变量 a 和 b
  wire［7:0］data_bus；　　　//定义 wire 类型的 8 位数据总线 data_bus

(2) 寄存器类型。该类型的特点是在新的赋值语句执行之前，该类型变量的值一直保

持不变。它表示一个抽象的数据存储单元，只能在 always 语句和 initial 语句中被赋值。寄存器类型的变量缺省值为 x。通过为 reg 类型变量建立 reg 类型数组可以构成 memory 类型变量，需要注意的是数组的维数不能大于 2。另外，存储器赋值不能在一条赋值语句中完成，但是寄存器可以，因此在存储器被赋值时，需要定义一个索引。为存储器赋值的一种方法是分别对存储器中的每个字赋值；另一种方法是使用系统任务。reg 类型变量的声明格式如下：

> reg 数据名 1，数据名 2，…；

或

> reg [n-1:0] 数据名 1，数据名 2，…；

或

> reg [n:1] 数据名 1，数据名 2，…；

例如：

reg[3:0] Sat;	//Sat 为 4 位寄存器
reg Cnt;	//1 位寄存器
reg[7:0] MyMem[0:63];	//定义 MyMem 为 64 个 8 位寄存器的数组

5. Verilog HDL 的运算符

Verilog HDL 的运算符主要针对数字逻辑电路制定，范围很广。可对一个、两个或三个操作数进行运算。表 3.4 按类别列出了这些运算符。

表 3.4 各 类 运 算 符

运算符类型	运 算 符	功 能 说 明	操作数个数
算术运算符	＋、－、×、/、%	加、减、乘、除、取模	2
关系运算符	<、<=、>、>=	小于、小于等于、大于、大于等于	2
逻辑运算符	!、&&、||	逻辑非、逻辑与、逻辑或	1 或 2
相等运算符	==、!=、===、!==	逻辑相等、逻辑不等、全等、非全等	2
位运算符	~	按位取反	1
	|、&、^、^~	按位或、按位与、按位异或、按位同或	2
缩位运算符	&、~&、|、~|、^、~^or~	"与"缩位、"与非"缩位、"或"缩位、"或非"缩位、"异或"缩位、"异或非（同或）"缩位	1
移位运算符	<<、>>	向左移位、向右移位	2
条件运算符	?:	条件运算	3
位拼接运算符	{}	拼接（或合并）	大于等于 2

注意：Verilog HDL 中没有自加 1＋＋和自减 1－－的运算符。

下面对常用的几类运算符进行介绍。

1）算术运算符

在 Verilog HDL 中，算术运算符又称为二进制运算符。如果某个操作数的某一位为 X（不确定值）或 Z（高阻值），则整个结果也为不定值 X。

进行整数除法运算时，截断任何小数部分，结果为整数。例如：7/4 的结果为 1。

进行取模运算时，得到的结果为两数相除后的余数，余数的符号与模运算式里第一个操作数的符号相同。

2）关系运算符

关系运算的结果为真（1）或假（0）。如果操作数中有一位为 X 或 Z，那么结果为 X。所有的关系运算符有相同的优先级。关系运算符的优先级低于算术运算符的优先级。

3）逻辑运算符

进行逻辑运算时，操作符在逻辑值 0 或 1 上操作，逻辑操作的结果为 0 或 1，0 表示逻辑假，1 表示逻辑真，X 表示不定态。

如果操作数是 1 位数，则 1 表示逻辑真，0 表示逻辑假。

如果操作数由多位组成，则将操作数看做一个整体，对非零的数作为逻辑真处理，对每位均为 0 的数作为逻辑假处理。

如果任意一个操作数中含有 X（不定态），则逻辑运算结果也为 X。

4）相等运算符

如果比较结果为假，则结果为 0，否则结果为 1。

"=="和"! ="又称逻辑等式运算符，其结果由两个操作数的值决定。由于操作数中某些位可能是不定值 X 和高阻值 Z，因此结果可能为不定值 X。

"==="和"! =="运算符在对操作数比较时，对某些位的不定值 X 和高阻值 Z 也进行比较。两个操作数必须完全一致，其结果才是 1，否则为 0。

在全等比较中，X 和 Z 严格按位比较。如果操作数的长度不相等，则长度较小的操作数在左侧填 0 补位。

5）位运算符

位运算是将操作符在输入操作数的对应位上按位进行指定的运算操作，操作数有几位则运算结果就有几位。如果两个操作数长度不相等，则长度较小的操作数在最左侧填 0 补位。

6）缩位运算符

缩位运算是对单一操作数的所有位上进行与、或、非递推运算，并产生 1 位二进制数结果。

缩位运算的具体运算过程如下：

（1）将操作数的第一位与第二位进行与、或、非运算。

（2）将运算结果与第三位进行与、或、非运算，依次类推，直至最后一位。

缩位运算的与、或、非运算规则与位运算的与、或、非运算规则相似。

7）移位运算符

移位运算过程是将左边的操作数向左移（右移），所移动的位数由右边的操作数来决定，然后用 0 来填补移出的空位。如果右侧操作数的值为 x 或 z，则移位操作的结果为 x。

设 a 代表要进行移位的操作数，n 代表要移位的位数，将 a 的值右移 n 位可表示为 a>>n，被移出的空位从左端填入 0；将 a 的值左移 n 位可表示为 a<<n，被移出的空位

从右端填入 0。

8）条件运算符

条件运算符要求有三个操作数，根据条件表达式的值选择执行表达式，其表达形式如下：

〈条件表达式〉? 〈表达式 1〉: 〈表达式 2〉

当条件表达式的结果为真（值为 1）时，执行表达式 1；当条件表达式的结果为假（值为 0）时，执行表达式 2。

如果条件表达式的结果为不定态 x，则模拟器将按位对表达式 1 的值与表达式 2 的值进行比较。位与位的比较按表 3.5 所示的规则产生每个结果位，从而构成条件表达式的结果值。

表 3.5　条件表达式的结果为不定态时的结果产生规则

?:	0	1	x	z
0	0	x	x	x
1	x	1	x	x
x	x	x	x	x
z	x	x	x	x

9）位拼接运算符

位拼接运算是将多个信号的某些位拼接后执行运算，其格式如下：

{信号 1 的某些位，信号 2 的某些位，…}

例如：

{a,{2{a,b}}}　　　　　//表示{a,a,b,a,b}

6. 语句

1）赋值语句

在 Verilog HDL 中，信号的赋值方式有以下几种：

（1）连续赋值语句。使用 assign 语句为 wire 类型的变量赋值，不可以对寄存器类型的变量赋值。例如：

assign c=a&b;

或直接用

wire c=a&b;

（2）过程赋值语句。过程赋值语句又分为非阻塞赋值方式和阻塞赋值方式两种。对于非阻塞赋值方式，赋值符号为"<="，在块结束时才完成赋值操作，即不是立即改变信号值。对于阻塞赋值方式，赋值符号为"="，在该语句结束后就完成赋值操作。

2）条件语句

条件语句主要包括 if 语句和 case 语句，它们都是顺序语句，应放在 always 块中。

（1）if 语句。if 语句有三种形式：

if(条件表达式)

语句；

或

if(条件表达式)语句 1；

else 语句 2；

或

    if(条件表达式)

    语句 1;

    else if(条件表达式)

    语句 2;

            ⋮

    else 语句 n;

要注意的是,如果条件表达式的结果为真,执行指定的语句;如果条件表达式的结果为 0、x 或 z,则按逻辑"假"处理。其中的语句也可以为包含在 begin 和 end 之间的复合语句。

(2) case 语句。case 语句可以从多个分支中选择一个,特别适用于译码电路和状态机的描述。case 语句的格式如下:

    case(条件表达式)

    各个分支

    endcase

使用 case 语句时,应列出所有的条件分支,如果不可列出,则应在最后加上 default 语句。另外,还有 casex、casez 语句,其含义为如果在条件表达式中出现了 x、z 或?,则该位不参与比较。需注意的是,在 casex 的条件表达式中只能出现 z 和?,在 casez 的条件表达式中只能出现 z 和?。

3) 循环语句

Verilog HDL 中有四种类型的循环语句,即 forever 语句、repeat 语句、while 语句和 for 语句。

(1) forever 语句。forever 是用于描述连续执行的语句,常用在"initial"语句中生成周期性的输入波形。forever 语句的格式如下:

    forever 语句;

(2) repeat 语句。repeat 语句表示连续执行语句表达式值所代表的次数。repeat 语句的格式如下:

    repeat 表达式;

    语句;

(3) while 语句。while 语句表示连续执行语句,直到不满足条件表达式为止。while 语句的格式如下:

    while 表达式;

    语句;

(4) for 语句。for 语句类似于 C 语言中的 for(I=0;I<3;I=I++)。for 语句的格式如下:

    for(表达式 1;表达式 2;表达式 3);

    语句;

4) 结构声明语句

Verilog HDL 中的任何过程语句模块都是从属于以下几种结构的声明语句。

(1) initial 语句。initial 语句用于仿真初始化,初始化块仅在仿真期间执行一次。initial

语句的格式如下：

  initial

  begin

  语句 1；

   ⋮

  语句 n；

  end

（2）always 语句。always 语句为多次重复执行语句，常用于测试程序中时钟的定义以及时序和组合逻辑电路中。在描述逻辑电路的时候，要注意将所有的敏感信号全部列出，当敏感表中有一个信号发生变化时，就会执行该模块。

（3）task 语句。task 语句是包含多个语句的子程序，主要作用是简化程序结构，增加程序的可读性。它与函数的相同点在于可以接收参数，不同点在于它不返回值。task 语句的格式如下：

  task 任务名；

  端口和数据类型说明；

  语句 1；

  语句 2；

   ⋮

  语句 n；

  endtask；

调用格式如下：

  任务名(端口 1，端口 2，…)

（4）function（函数）语句。定义函数之后，可以在程序中调用该函数。function 语句的格式如下：

  function〈返回值的类型和范围〉(函数名)；

  端口说明；

  变量类型说明；

  语句 1；

   ⋮

  语句 n；

  Endfunction；

调用函数时常常将其返回值作为一个操作数。调用格式如下：

  signal＝函数名(变量)；

7. 块语句

块语句为多个语句的组合，它在格式上类似一条语句。块语句有两种类型：一种是 begin_end 语句，通常用来表示顺序执行语句；另一种是 fork_join 语句，通常用来表示并行执行语句。

1）顺序块

顺序块的格式如下：

```
begin：块名
    块内声明语句；
    语句 1；
        ⋮
    语句 n；
end
```

其中，块内声明语句可以是参数声明语句、reg 型变量声明语句、integer 型变量声明语句以及 real 型变量声明语句。块内的语句按照顺序执行。

2）并行块

并行块的格式如下：

```
fork：块名
    块内声明语句；
    语句 1；
        ⋮
    语句 n；
join
```

并行块中语句的执行顺序与其书写顺序无关，并行执行。

3）顺序执行语句

always 模块内的语句是按照书写顺序执行的。

4）并行执行语句

assign 语句、元件例化语句、always 模块之间为并行执行语句，与其书写顺序无关。

8. 编译预处理

类似于 C 语言，Verilog HDL 中也有多种特殊命令，编译系统首先预处理这些特殊命令，然后将预处理的结果和源程序一起执行通常的编译处理。预处理语句以符号"`"开头，语句末尾不加分号。在 Verilog HDL 编译时，特定的编译器指令在整个编译过程中有效（编译过程可跨越多个文件），直到遇到其他的不同编译程序指令。

1）`define 和 `undef 指令

`define 指令指定一个标识符代替一个字符串，类似于 C 语言中的 ♯ define 指令。例如：

        `define MAX_BUS_SIZE 32

一旦 `define 指令被编译，其在整个编译过程中都有效。例如，通过另一个文件中的 `define 指令，MAX_BUS_SIZE 能被多个文件使用。

`undef 指令用于取消前面定义的宏。

2）`ifdef、`else 和 `endif 指令

`ifdef、`else 和 `endif 这些编译指令用于条件编译。例如：

        `ifdef WINDOWS parameter WORD_SIZE＝16
        `else
        parameter WORD_SIZE＝32
        `endif

在编译过程中，如果已定义了名字为 WINDOWS 的文本宏，则选择第一种参数声明，否则选择第二种参数声明。

　　3）`default_nettype 指令

`default_nettype 指令用于为 wire 类型指定默认的 wire 类型。例如：

　　　　`default_nettype wand

　　4）`include 指令

`include 指令用于包含需要调用的模块源文件，文件既可以用相对路径名定义，也可以用全路径名定义。例如：

　　　　`include "…/…/primitives. v "

编译时，这一行由文件"…/…/primitives. v"的内容替代。

　　5）`resetall 指令

`resetall 指令将所有的编译指令重新设置为缺省值。例如：

　　　　`resetall

　　6）`timescale 指令

　　在 Verilog HDL 中，所有时延都用单位时间表述。使用 `timescale 指令将时间单位与实际时间相关联。该指令用于定义时延的单位和时延精度。`timescale 指令格式如下：

　　　　`timescale 时间单位/时间精度

时间单位有 s、ms、μs、ns、ps、fs 等。

　　7）`unconnected_drive 和 `nounconnected_drive 指令

　　在模块实例化中，在 `unconnected_drive 和 `nounconnected_drive 两个指令间出现的任何未连接的输入端口将被设置为正偏电路状态或反偏电路状态。

　　8）`celldefine 和 `endcelldefine 指令

`celldefine 和 `endcelldefine 两个指令用于将模块标记为单元模块。

三、Quartus Ⅱ 使用入门和 FPGA/CPLD 实验过程简介

　　Quartus Ⅱ可编程逻辑开发软件是 Altera 公司为其 FPGA/CPLD 芯片设计推出的专用开发工具，是 Altera 公司新一代、功能更强的 EDA 开发软件，可完成从设计输入、综合适配、仿真到下载的整个设计过程。

　　Quartus Ⅱ提供了一个完整的多平台开发环境，它包含 FPGA 和 CPLD 整个设计阶段的解决方案。Quartus Ⅱ集成环境包括以下内容：系统级设计，嵌入式软件开发，可编程逻辑器件设计、综合、布局和布线，验证和仿真。

　　Quartus Ⅱ也可以直接调用 Synplify Pro、ModelSim 等第三方 EDA 工具来完成设计任务的综合与仿真。Quartus Ⅱ与 MATLAB 和 DSP Builder 结合可以进行基于 FPGA 的 DSP 系统开发，方便、快捷。Quartus Ⅱ还内嵌 SOPC Builder，可实现 SOPC 系统的开发。Quartus Ⅱ 9.0 主界面如图 3.1 所示。

1. Quartus Ⅱ 的基本设计流程

　　Quartus Ⅱ设计的主要流程包括创建工程、设计输入、分析与综合、编译、仿真验证、程序下载等，其一般流程如图 3.2 所示。

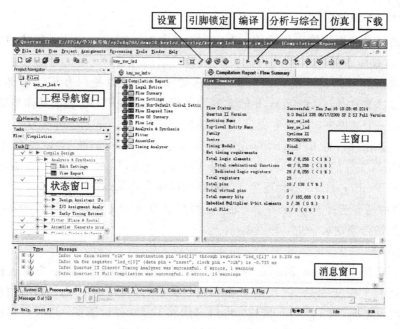

设置　引脚锁定　编译　分析与综合　仿真　下载

图 3.1　Quartus Ⅱ 9.0 主界面

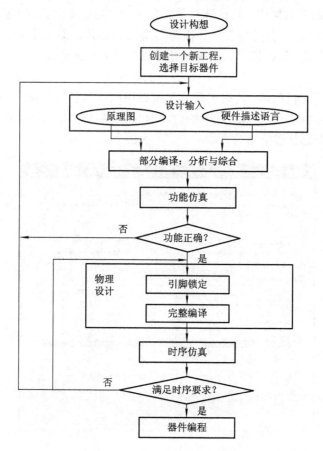

图 3.2　Quartus Ⅱ 的设计流程

2. Quartus Ⅱ 设计示例

下面以硬件描述语言输入法设计一个流水灯为例来说明 Quartus Ⅱ 的使用方法。

1）创建工程的准备工作

开始一项新的电路设计前，首先要创建一个文件夹，以便保存该工程的所有文件。Verilog HDL 源文件通过 Quartus Ⅱ 的文本编辑器输入、编辑并存盘。具体步骤如下：

（1）新建一个文件夹。假设本项设计的文件夹取名为 ledwater，路径为 e:\ ledwater。

（2）输入源程序。打开 Quartus Ⅱ，选择菜单 File/New。在 New 窗口中的 Design Files 中选择编辑文件的语言类型，这里选择 Verilog HDL File，然后在 Verilog . v 的文本编译窗中输入 Verilog HDL 示例程序，该程序的模块名为 ledwater。

（3）文件存盘。选择 File/Save As 命令，找到已设立的文件夹 e:\ ledwater 即可存盘。存盘文件名最好与模块名一致，即 ledwater。

2）创建工程

在菜单中选择 File/New Project Wizard，出现新建工程向导。在三个输入栏中分别输入保存的路径及工程文件夹、工程的名称和顶层模块的名称。建议工程名与顶层模块名称保持一致。输入完毕，单击 Next 按钮，将出现添加工程文件对话框，这时可将已经写好的 Verilog HDL 文件加入到工程中。

在图 3.3 所示的对话框中，完成选择器件的工作。器件系列选择 Cyclone Ⅱ，具体芯片型号为 EP2C8Q208C8，右面的三个下拉框用来限制芯片的封装形式、引脚数和速度等级。选择完成后，单击 Next 按钮，出现选用第三方 EDA 工具窗口。本例不选用第三方 EDA 工具，直接单击 Next 按钮。接下来出现的对话框给出了所生成工程的信息，单击 Finish 按钮就完成了工程创建。这时工程导航窗口中的内容已经发生了改变。该窗口下面有三个页选项（图 3.1），Hierarchy 页中的内容是顶层模块结构，Files 页中的内容是工程包含的文档，这两个都是很常用的。

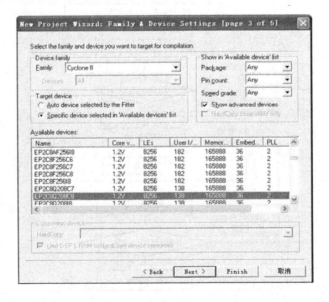

图 3.3 目标器件选择对话框

3）添加/创建新文件

如果已经完成了 Verilog HDL 源文件的编写工作，只需将它加进工程中，方法如图 3.4 所示。

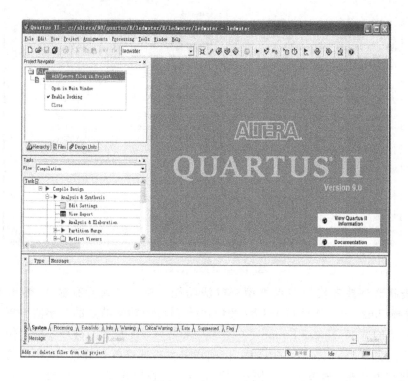

图 3.4　添加设计文件

在 Files 页中的 Files 上单击鼠标右键，然后在 Add/Remove Files in Project 上单击鼠标左键，打开添加文件对话框，即可添加文件。也可以在 Quartus Ⅱ 中创建 Verilog HDL 源文件。

4）分析与综合

在建立 Verilog HDL 文件以后，就可以进行分析与综合。单击工具栏中的 Start Analysis & Synthesis 按钮　启动分析与综合过程。如果出现错误，则需要根据信息窗口的错误提示进行修改。文件存盘后重新启动分析综合过程。通过综合生成了逻辑电路网表文件，这时执行 Tool/Netlist Viewers/RTL Viewer 可以查看电路综合结果。

接下来可以对电路进行功能仿真，检查所综合的电路在功能上是否能够达到预期要求。

5）建立激励波形文件

在 Quartus Ⅱ 集成开发环境中无法对硬件描述语言进行仿真，只能对电路在激励波形的作用下进行仿真，因此进行仿真之前，需建立激励波形文件。选择命令 File/New，出现新建波形对话框，在该对话框中单击 Verification/Debugging Files 选项，选择 Vector Waveform File，单击 OK 按钮，出现波形编辑器窗口。选择命令 Edit/Insert/Insert Node or Bus，出现 Insert Node or Bus（插入节点或总线）窗口，单击 Node Finder 按钮，出现如图 3.5 所示的节点查找器窗口。

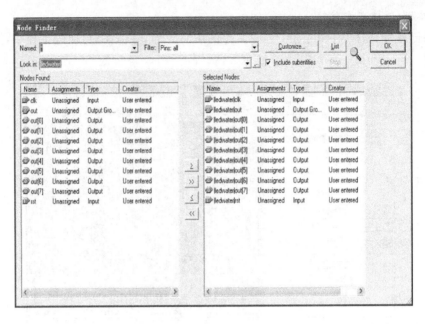

图 3.5　节点查找器窗口

　　节点查找器对被查找的节点类型有过滤功能。要想找到所有输入/输出节点，可在 Filter 栏选择 Pins：all，接着单击 List 按钮，所有输入/输出节点的名字便出现在节点查找器窗口的左边的方框（Nodes Found）中。单击 clk 节点，接着单击符号"≫"，使该节点加入到窗口右边的方框（Selected Nodes）中。以同样的方法选择各个节点，直至所需要观察的信号均加入到右边方框，再单击 OK 按钮，关闭节点查找器窗口，返回 Insert Node or Bus 窗口，再单击 OK 按钮，回到波形编辑器窗口。

　　波形编辑器窗口分为左、右两个子窗口，左边为信号区，右边为波形区。最左侧为波形编辑查看工具栏。单击信号区的 clk 信号，在工具栏中单击时钟设置按钮，打开时钟设置对话框，接受默认设置，单击 OK 按钮，则输入信号 clk 的激励波形设置完毕，见图 3.6。当所有输入节点的激励波形设置完毕后，保存激励波形文件。

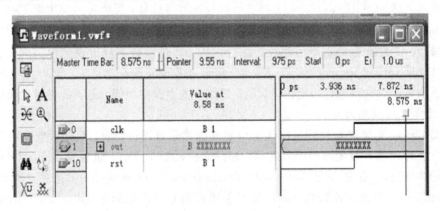

图 3.6　激励波形设置对话框

　　波形编辑工具栏各按钮的功能如表 3.6 所示。

表 3.6 波形编辑工具栏各按钮的功能

图标	功 能	图标	功 能
	选择拾取按钮		文本按钮
	波形编辑按钮		缩放按钮
	全屏显示按钮		查找按钮
	替换按钮		设定选中波形为未初始化
	设定选中波形为未知电平		设定选中波形为低电平
	设定选中波形为高电平		设定选中波形为高阻状态
	设定选中波形为弱未知态		设定选中波形为弱低电平
	设定选中波形为弱高电平		设定选中波形为无关状态
	电平取反按钮		设定选中波形为计数脉冲
	时钟设置按钮		设定选中波形为任意指定值
	设定选中波形为随机值		设定波形对齐网格按钮
	设定波形排序按钮		

6）功能仿真

选择菜单 Processing/Simulator Tools，打开如图 3.7 所示的仿真工具对话框。在 Simulation mode 栏中选择 Functional，即设为功能仿真。单击 Generate Functional Simulation Netlist 按钮，生成功能仿真网表。功能仿真网表生成后，将弹出成功提示信息框。单击 OK 按钮，关闭此信息框。

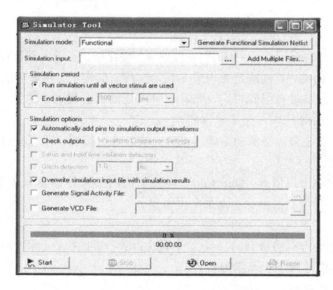

图 3.7　仿真工具对话框

单击 Simulator Tools 对话框左下角的 Start 按钮，开始功能仿真。仿真结束后，单击对话框右下角的 Report 按钮，查看仿真结果。功能仿真网表生成后，也可关闭 Simulator Tools 对话框。单击上方工具栏仿真按钮　执行仿真，并查看仿真结果。

7) 引脚锁定

这里设计 ledwater(有 10 个引脚配置到指定的芯片，需要将这 10 个引脚各自绑定到 FPGA 芯片上的一个引脚，这一过程称做"引脚锁定"。)

下面进行引脚锁定。首先选择菜单 Assignments/Assignment Editor，打开如图 3.8 所示的对话框。对于信号的输入，可以单击"To"这一列中的空格，直接输入名称即可，例如 out[0]。由于 out[0]对应芯片 EP2C80208C 上的 15 引脚，在 To 列将会出现所有的引脚名，选择 out[0]所在的行，然后在 Value 列单击鼠标选择引脚 15。使用同样的方法可以完成全部引脚的锁定，并保存文件。

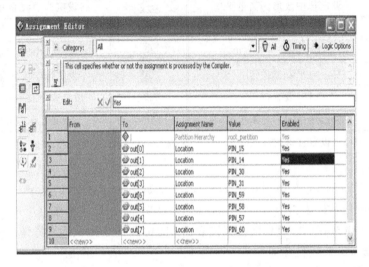

图 3.8　引脚锁定

重新单击 Start Compilation 按钮▶进行编译。编译结束后，工程目录下有一个与工程同名且后缀为.sof 的文件，这就是要用来下载的文件。事实上，在第一次编译时也生成了这个文件，但由于之前没有引脚锁定，那时的引脚是随机分配的。注意，将没有进行引脚锁定的.sof 文件下载到 FPGA 是不允许的。

编译成功后，在主窗口显示的是编译报告。单击确定按钮，即可通过右面的窗口来观察资源的占用情况。

如果编译过程中出现错误，Quartus Ⅱ 会在下面的编译信息窗口中用红字显示出来，可以通过在错误信息上双击鼠标左键来定位错误。

8) 程序下载

经过以上设置运行后将得到的.sof 文件下载到学习板的操作步骤如下：

（1）用下载电缆连接主机和学习板。

（2）打开学习板电源。

（3）在 Quartus Ⅱ 中使用 Programmer 下载。

下面介绍 Quartus Ⅱ 中 Programmer 的使用方法。

生成.sof 文件后，就可以使用 Quartus Ⅱ 的 Programmer 进行下载。通过 Tools/Programmer菜单命令进入 Programmer 对话框。第一次使用时，需要添加硬件，步骤如下：

单击 Programmer 对话框左上角的 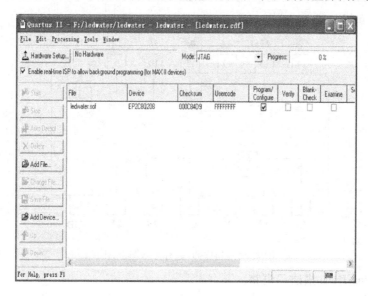 图标，在弹出的对话框中选择相应的硬件。如果 Available hardware items 中没有选项，则单击右侧的 Add hardware 按钮，添加相应的硬件(usb)。

最后，添加要下载的.sof 文件。一般情况下，编译完成后，该文件会自动出现在 Programmer 对话框中，如果没有出现，可以单击 Add File 完成添加，然后在 Program/Configure下的方框上打钩，单击 Start 按钮开始下载。程序下载设置界面如图 3.9 所示。

图 3.9　程序下载设置界面

观察学习板的显示输出，以验证设计的正确性。需要注意的是，如果重新编译了工程，在下载前必须先删掉上次加载的文件，然后重新使用 Add File 添加下载文件。

3.2　TTL 门电路和组合逻辑电路

一、实验目的

（1）掌握门电路逻辑功能的测试方法。

（2）掌握组合逻辑电路的设计与测试方法。

（3）掌握用 Verilog HDL 硬件描述语言描述逻辑门电路的方法。

（4）掌握用 QuartusⅡ软件调试、仿真逻辑门电路的过程。

（5）了解集成电路的外引线排列及其使用方法。

（6）熟悉数字电路实验箱的基本功能和使用方法。

二、预习要求

（1）学习与非门电路的工作特点和逻辑功能。

（2）预习集成逻辑门电路系列及型号命名方法，了解集成芯片引脚排列、型号、功能。

（3）预习 Verilog HDL 编程语言介绍，掌握 Verilog HDL 的编程方法。

三、实验原理

1. 74LS00 的逻辑功能

74LS00 是四 2 输入与非门，其外引线排列图如图 3.10 所示。当输入端有一个或一个以上为低电平时，输出端为高电平；只有当输入端全部为高电平时，输出端才为低电平。74LS00 的逻辑表达式为 $Y = \overline{AB}$。

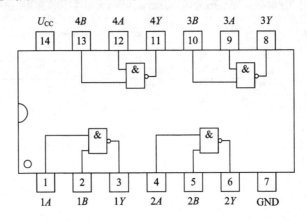

图 3.10　74LS00 的外引线排列图

2. 用 Verilog HDL 描述门电路

门电路是构成所有组合逻辑电路的基本电路，因此在进行比较复杂的组合逻辑电路描述之前，先要掌握这些基本电路的 Verilog HDL 描述。下面介绍一些常用的门电路的 Verilog HDL 描述实例。

1）非门电路

非门的逻辑表达式为 $Y = \overline{A}$，其逻辑电路图如图 3.11 所示，真值表如表 3.7 所示。

表 3.7　非门真值表

A	Y
0	1
1	0

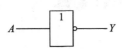

图 3.11　非门的逻辑电路图

非门的 Verilog HDL 描述如下：

```
module n(a,y);
    input a;
    output y;
    not(y,a);
endmodule
```

2）两输入与门电路

两输入与门的逻辑表达式为 $Y = A \cdot B$，其逻辑电路图如图 3.12 所示，真值表如表 3.8 所示。

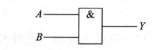

图 3.12　两输入与门的逻辑电路图

表 3.8　两输入与门真值表

A	B	Y
0	0	0
0	1	0
1	0	0
1	1	1

两输入与门的 Verilog HDL 描述如下：

```
module and1(y, a, b);
    output y;
    input a,b;
    and(y,a,b);
endmodule
```

3）两输入或门电路

两输入或门的逻辑表达式为 $Y=A+B$，其逻辑电路图如图 3.13 所示，真值表如表 3.9 所示。

表 3.9　两输入或门真值表

A	B	Y
0	0	0
0	1	1
1	0	1
1	1	1

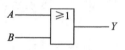

图 3.13　两输入或门的逻辑电路图

4）两输入与非门电路

两输入与非门的逻辑表达式为 $Y=\overline{AB}$，其逻辑电路图如图 3.14 所示，真值表如表 3.10 所示。

表 3.10　两输入与非门真值表

A	B	Y
0	0	1
0	1	1
1	0	1
1	1	0

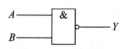

图 3.14　两输入与非门的逻辑电路图

两输入与非门的 Verilog HDL 描述如下：

```
module nand1(y, a, b);
    output y;
    input a,b;
    nand(y,a,b);
endmodule
```

5）两输入或非门电路

两输入或非门的逻辑表达式为 $Y=\overline{A+B}$，其逻辑电路图如图 3.15 所示，真值表如表 3.11 所示。

表 3.11　两输入或非门真值表

A	B	Y
0	0	1
0	1	0
1	0	0
1	1	0

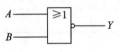

图 3.15　两输入或非门的逻辑电路图

两输入或非门的 Verilog HDL 描述如下：

```
module nor1(y, a, b);
    output y;
    input a,b;
    nor(y,a,b);
endmodule
```

6）两输入异或门电路

两输入异或门的逻辑表达式为 $Y=A\oplus B$，其逻辑电路图如图 3.16 所示，真值表如表 3.12 所示。

表 3.12　两输入异或门真值表

A	B	Y
0	0	0
0	1	1
1	0	1
1	1	0

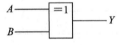

图 3.16　两输入异或门的逻辑电路图

两输入异或门的 Verilog HDL 描述如下：

```
module xor1(y, a, b);
    output y;
    input a,b;
    xor(y,a,b);
endmodule
```

3. 组合逻辑电路的设计

组合逻辑电路设计流程图如图 3.17 所示。根据设计任务的要求建立输入、输出变量，并列出真值表。然后用逻辑代数或卡诺图化简法求出简化的逻辑表达式，并按实际选用逻辑门的类型，修改逻辑表达式。根据简化后的逻辑表达式，画出逻辑图，用标准器件构成逻辑电路。最后，用实验来验证设计的正确性。

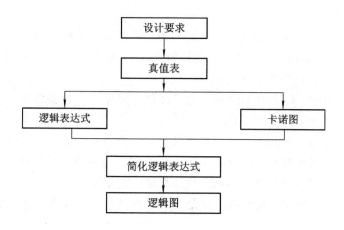

图 3.17　组合逻辑电路设计流程图

4. TTL 集成电路使用规则

(1) 认清集成块的定位标记，不得插反。

(2) TTL 电路对电源电压要求较严。电源电压 U_{CC} 只允许在 $5\times(1\pm10\%)$ V 的范围工作，超过 5.5 V，将损坏器件，低于 4.5 V，器件的逻辑功能将不正常。

(3) 闲置输入端处理方法如下：

① 悬空，相当于正逻辑"1"。对于一般小规模集成电路的数据输入端，实验室允许悬空处理；对于接有长线的输入端、中规模以上的集成电路和使用集成电路较多的复杂电路，所有控制输入端必须按照逻辑要求接入电路，不允许悬空。

② 直接接电源电压(也可串入一个 $1\sim10$ kΩ 的固定电阻)或接某一个固定电压$(2.4\sim4.5$ V)，或与输入端为接地的多余与非门的输出端相接。

③ 若前级驱动能力允许，则可以与使用的输入端并联。

(4) 输出端不允许并联使用(集电极开路门(OC)和三态输出门电路(3S)除外)，否则不仅会使电路逻辑功能混乱，而且会导致器件损坏。

(5) 输出端不允许直接接地或直接接 5 V 电源，否则将损坏器件。有时为了使后级电路获得较高的输出电平，允许输出端通过电阻 R 接至 U_{CC}，一般取 $R=(3\sim5.1)$kΩ。

(6) 输出端通过电阻接地，电阻值的大小将直接影响电路所处的状态。当 $R<680$ Ω 时，输出端相当于逻辑"0"；当 $R\geqslant4.7$ kΩ 时，输入端相当于逻辑"1"。对于不同系列的器件，要求的电阻不同。

5. 实验电路的布线

(1) 连接电路或插接元件前，应先切断电源。

(2) 插接元件前应先校准集成元器件两排引脚的距离，使之和集成电路插座或面包板上的行距相等。插接集成电路时，用力要轻而均匀，不要一下子插紧，待确定集成元件的引脚和插孔位置一致后，再稍用力将其插牢，这样可以避免集成元件引脚弯曲或折断。如果发现引脚弯曲，应用工具将引脚校直后，再将集成芯片正确地、轻轻地插入对应的插孔中。拔起元器件前，先切断电源，并应借助起拔器或工具将元器件从两侧小心拔起。

(3) 插接集成元件时要认清方向，不要插反。双列直插式集成元件一般都有定位标记，在使用时必须注意。

（4）布线用的导线直径应和插孔直径相一致，根据布线的距离以及插孔的长度剪断导线。要求线头剪成45°斜口，线头剥离长度约为 6 mm，要求全部插入底板以保证接触良好，裸线不宜露在外面，防止与其他导线断路。

（5）导线最好分色，以区分不同的用途。红色一般用于正电源接线；黑色一般用于地线连线；其余连接线可采用其他颜色线。

（6）布线最好有顺序地进行，不要随意接线，以免造成漏接。布线时先将固定电平的端点连接好，如电源的正极线、地线以及集成元件输入与输出端的连线；再按信号流向顺序依次布线。这些连线尽可能使用短线，线路简洁，尽可能减少交叉。

（7）实验线路连接完毕，应仔细检查是否有误接或漏接。线路连接经检查无误后方可通电进行实验。

四、实验仪器

本次实验需要的实验仪器如表 3.13 所示。

表 3.13　实　验　仪　器

序号	仪 器 名 称	功 能 作 用	数　量
1	数字电路实验箱	提供电源、逻辑电平、显示器	1
2	74LS00	四 2 输入与非门	2
3	双踪示波器	观测输入/输出波形及电压	1

五、实验内容

（1）测试与非门（74LS00）的逻辑功能。
（2）测试由与非门构成的组合逻辑电路的逻辑功能。
（3）用 QuartusⅡ软件调试、仿真逻辑门电路。

六、实验步骤

1. 测试与非门（74LS00）的逻辑功能

（1）按图 3.18 接线，将 74LS00 的 7 脚接地，14 脚接 5 V 电源，任选其中一个与非门进行实验。将与非门的两个输入端分别接入逻辑电平开关的输出插口，输出端接发光二极管。

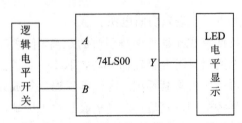

图 3.18　测试与非门逻辑功能接线图

（2）按表3.14的要求分别改变输入信号，观察输出指示灯的变化。将结果填入表3.14中，根据测试结果写出逻辑表达式。

表 3.14　与非门真值表

A	B	Y
0	1	
1	0	
1	1	
0	0	

注意：正确选择集成电路的型号，不要将集成芯片的电源端与接地端接反。

2. 测试由与非门构成的组合逻辑电路的逻辑功能

图3.19为一楼道照明灯控制电路，测试其逻辑功能并分析控制电路的工作原理。

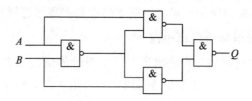

图3.19　组合逻辑电路图

（1）按图3.19搭接电路。

（2）测试电路的逻辑功能并将结果填入表3.15中。

（3）根据测试结果写出逻辑表达式。

（4）根据真值表，A、B接入不同的脉冲信号，用示波器观察输出波形并采集。

表 3.15　真　值　表

A	B	Q
0	1	
1	0	
1	1	
0	0	

注意：输出端不能与逻辑开关连接，更不能直接连到电源上，否则集成芯片会被烧坏。

3. 用 Quartus Ⅱ 软件调试、仿真逻辑门电路

参考3.1节中 Quartus Ⅱ 软件的使用，通过原理图完成两输入与非门的编程、编译、仿真及测试。

七、思考题

(1) 怎样判断门电路逻辑功能是否正常？

(2) 逻辑门不用的输入端该如何处理？

八、实验报告要求

(1) 按实验要求记录实验数据，分析实验结果，总结与非门电路的特点。

(2) 通过功能测试，总结组合逻辑电路的一般分析方法。

(3) 回答思考题。

九、知识拓展

1. 设计一个监视交通信号灯工作状态的逻辑电路

每一组信号由红、黄、绿三盏灯组成。正常情况下，任何时刻必有一盏灯亮，而且只允许一盏灯亮。若某一时刻无一盏灯亮或两盏以上灯同时点亮时，表示电路发生了故障，这时要求发出故障信号，以提醒维护人员。用基本门电路实现该逻辑电路，并进行实验验证。

2. 用 Verilog HDL 设计组合逻辑电路

表决电路属于组合逻辑电路，其输出状态仅由当时的输入状态决定。表决电路的逻辑功能是：当输入 A、B、C 三者有两者及两者以上为高电平时，输出端就为高电平，否则输出端为低电平。其逻辑的函数表达式为

$$Y = \overline{\overline{AB} \cdot \overline{AC} \cdot \overline{BC}}$$

用 Verilog HDL 设计实现一个三人表决器，多数人赞成决议则通过，否则决议不通过。

(1) 在 Quartus Ⅱ 平台上设计程序并仿真题目要求。

(2) 下载验证三人表决器功能。

(3) 提交 Verilog HDL 代码和仿真结果。

3.3 集成触发器和计数器的应用

一、实验目的

(1) 掌握基本 RS、JK、D 触发器的逻辑功能。

(2) 掌握集成触发器逻辑功能的测试方法及应用。

(3) 掌握用 Verilog HDL 描述触发器的方法。

(4) 了解触发器之间相互转换的方法。

(5) 掌握可编程四位二进制同步计数器 74LS161 的逻辑功能及应用。

(6) 掌握用 Verilog HDL 设计异步复位、同步使能的四位二进制加法计数器的编程方法。

二、预习要求

(1)学习触发器的内容，掌握基本 RS 触发器、JK 触发器、D 触发器的逻辑功能、触发方式及真值表。

(2)掌握触发器异步置位、复位端的作用。

(3)熟悉计数器 74LS161 的逻辑电路图及其功能。

(4)预习 3.1 节中 Quartus Ⅱ 软件的使用方法。

三、实验原理

触发器是一个具有记忆功能的二进制信号存储器件，它是构成各种时序电路的最基本逻辑单元。触发器具有两个基本特征：一是具有两个稳定状态，用以表示逻辑状态 1 和 0；二是在输入信号作用下，可以从一个稳定状态翻转到另一个稳定状态，当输入信号消失后，已转换的稳定状态可以长期保存下来。

1. 基本 RS 触发器

图 3.20 是由两个与非门交叉耦合构成的基本 RS 触发器，它是无时钟控制、低电平直接触发的触发器。基本 RS 触发器有置 0、置 1 和保持三种功能。通常称 $\overline{S}_D$ 为置 1 端，因为 $\overline{S}_D=0$ 时触发器被置 1；$\overline{R}_D$ 为置 0 端，因为 $\overline{R}_D=0$ 时触发器被置 0；当 $\overline{S}_D=\overline{R}_D=1$ 时，状态保持。

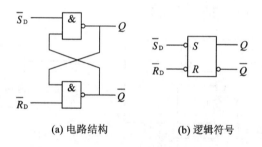

(a) 电路结构   (b) 逻辑符号

图 3.20 由与非门组成的基本 RS 触发器

基本 RS 触发器也可以由两个"或非门"组成，对应为高电平触发有效。

2. JK 触发器

在输入信号为双端的情况下，JK 触发器是功能完善、使用灵活、通用性强的一种触发器，它具有置 0、置 1、保持和翻转四种功能。

JK 触发器的状态方程为

$$Q^{n+1} = J\overline{Q}^n + \overline{K}Q^n$$

J 和 K 是数据输入端，是触发器状态更新的依据。J、K 有两个或两个以上输入端时，组成"与"的关系。Q 与 $\overline{Q}$ 为两个互补输出端。通常把 $Q=0$、$\overline{Q}=1$ 的状态定义为触发器"0"状态；把 $Q=1$、$\overline{Q}=0$ 的状态定义为触发器"1"状态。JK 触发器常被用作缓冲储存器、移位寄存器和计数器。

本实验采用 74LS76 双 JK 触发器，是下降边沿触发的边沿触发器。其外引线排列图及逻辑符号如图 3.21 所示。

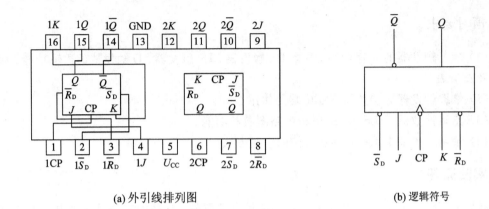

(a) 外引线排列图　　　　　　　　　　　　(b) 逻辑符号

图 3.21　74LS76 型 JK 触发器

3. D 触发器

在输入信号为单端的情况下，D 触发器用起来最为方便，其状态方程为

$$Q^{n+1} = D$$

其输出状态的更新发生在 CP 脉冲的上升沿，触发器的状态只取决于时钟到来前 D 端的状态。D 触发器的应用很广，可用作数字信号的寄存、移位寄存、分频和波形发生等。

本实验采用 74LS74 双 D 触发器，其外引线排列图及逻辑符号如图 3.22 所示。

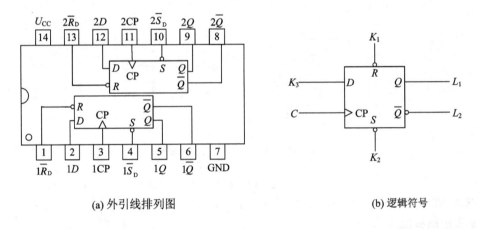

(a) 外引线排列图　　　　　　　　　　　　(b) 逻辑符号

图 3.22　74LS74 型 D 触发器

4. 触发器的相互转换

在集成触发器的产品中，每一种触发器都有自己固定的逻辑功能，但可以利用转换的方法获得具有其他功能的触发器。将 JK 触发器的 J、K 两端连在一起，作为 T 端，就得到 T 触发器，其状态方程为

$$Q^{n+1} = T\overline{Q}^n + \overline{T}Q^n$$

若将 T 触发器的 T 端置 1，即得到 T′触发器，其状态方程为 $Q^{n+1} = \overline{Q}$。即每一个 CP 脉冲信号，触发器状态翻转一次，故 T′触发器又称为翻转触发器。T′触发器广泛应用于计数电路中。

T、T′触发器的逻辑符号如图 3.23 所示。T 触发器功能表如表 3.16 所示。

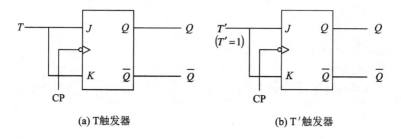

(a) T触发器　　　　　(b) T′触发器

图 3.23　JK 触发器转换为 T、T′触发器

表 3.16　T 触发器功能表

输　　　　　入				输　　出
$\overline{S}_D$	$\overline{R}_D$	CP	T	Q^{n+1}
0	1	×	×	1
1	0	×	×	0
1	1	↓	0	Q^n
1	1	↓	1	$\overline{Q}^n$

同样，若将 D 触发器的 $\overline{Q}$ 端与 D 端相连，便转换成 T′触发器，如图 3.24 所示。JK 触发器也可以转换为 D 触发器，如图 3.25 所示。

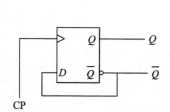

图 3.24　D 触发器转换为 T′触发器

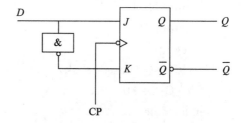

图 3.25　JK 触发器转换为 D 触发器

5. 用 Verilog HDL 描述触发器

触发器是组成时序逻辑电路的基本单元。下面介绍一些常用的触发器电路的 Verilog HDL 描述实例。

1) JK 触发器

异步置位/复位的 JK 触发器的 Verilog HDL 描述如下：

```
module JKtrigger(J,K,clk,set,reset,Q);
    input J,K,clk,set,reset;
    output Q;
    reg Q;
    always@(posedge clk or negedge reset or negedge set)
    if(!reset)
    begin
```

```
        Q<=1'b0；
      end
     else if（!set）
     begin
        Q<=1'b1；
     end
     else
     begin
     case(J&K)
     2'b00:Q<=Q；
     2'b01:Q<=0；
     2'b10:Q<=1；
     2'b11:Q<=~Q；
     endcase
     end
   endmodule
```

2）D 触发器

上升沿触发的 D 触发器的 Verilog HDL 描述如下：

```
  module Dtriggerssy(D,clk,Q)；
     input D,clk；
     output Q；
     reg Q；
     always@（posedge clk）
        Q<=D；
  endmodule
```

6. 计数器

计数器是一个用以实现计数功能的时序部件，它不仅可用来计脉冲数，还常用于数字系统的定时、分频和执行数字运算以及其他特定的逻辑功能。

计数器的种类很多。按构成计数器中的各触发器是否使用一个时钟脉冲源来分，有同步计数器和异步计数器；根据计数制的不同，分为二进制计数器、十进制计数器和任意进制计数器；根据计数的增减趋势，又分为加法、减法和可逆计数器；还有可预置数和可编程功能计数器等。目前，无论是 TTL 还是 CMOS 集成电路，都有品种较齐全的中规模集成计数器，使用者只要借助于器件手册提供的功能表、工作波形图以及引出端的排列，就能正确地运用这些器件。

本实验选用可编程四位二进制同步计数器 74LS161，它除了具有普通四位二进制同步计数器的功能外，还具有可编程计数器的编程功能。可编程计数器的编程方法有两种：一种是由计数器的不同输出组合来控制计数器的模；另一种是通过改变计数器的预制输入数据来改变计数器的模。这两种编程方法也同样适用于其他可编程计数器。

74LS161 的外引线排列图如图 3.26 所示，功能表如表 3.17 所示。74LS161 具有异步清零、同步置数的功能。其中：C_r 是异步清零输入端，低电平有效；LD 是同步并行置数控制端，低电平有效；P 和 T 具有保持和禁止计数的功能，只要 P 和 T 两端中有一端为零，计数器即为保持状态，要正常计数，它们必须都为高电平；O_C 是进位输出端，其平时为低电平，当 74LS161 计数计到最大值时，翻转为高电平，宽度为一个时钟周期；$D \sim A$ 是并行数据输入端；$Q_D \sim Q_A$ 是数据输出端。

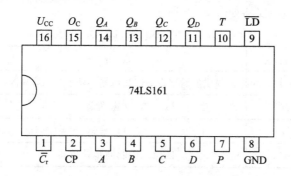

图 3.26　74LS161 型计数器的外引线排列图

表 3.17　74LS161 型计数器功能表

输　　入								输　　出			
$\overline{C_r}$	$\overline{LD}$	P	T	CP	D	C	B	A	Q_D	Q_C	Q_B	Q_A
0	×	×	×	×	×	×	×	×	0	0	0	0
1	0	×	×	↑	d	c	b	a	d	c	b	a
1	1	1	1	↑	×	×	×	×	计数			
1	1	0	×	×	×	×	×	×	保持			
1	1	×	0	×	×	×	×	×	保持			

7. 用 Verilog HDL 描述计数器

凡是计数周期为 2^N 且对计数状态无特殊要求的计数器，可以直接定义 N 位的计数信号和端口，对信号进行加法或减法操作。

同步清零的四位二进制加法计数器的 Verilog HDL 描述如下：

```
module counter4(clk,clr,ena,count,Q);
    input clk,clr,ena;
    output count;
    output [3:0] Q;
    reg [3:0] Q;
    always@(posedge clk)
    begin
        if(clr==1)
            Q=4'b0000;
        else if(ena==1)
            Q=Q+1;
```

```
            end
        assign count＝&Q;
    endmodule
```

四、实验仪器

本次实验需要的实验仪器如表 3.18 所示。

表 3.18 实 验 仪 器

序号	仪 器 名 称	功 能 作 用	数 量
1	数字电路实验箱	提供实验电源、逻辑电平、显示器、脉冲源	1
2	74LS76	双 JK 触发器	1
3	74LS74	双 D 触发器	1
4	74LS161	四位二进制同步计数器	1

五、实验内容

(1) 测试双 JK 触发器 74LS76 的逻辑功能。
(2) 测试双 D 触发器 74LS74 的逻辑功能。
(3) 测试集成计数器 74LS161 的逻辑功能。
(4) 用 Verilog HDL 设计 D 触发器。
(5) 用 Verilog HDL 设计四位同步二进制加法计数器。

六、实验步骤

1. 测试双 JK 触发器 74LS76 的逻辑功能

将集成 JK 触发器 74LS76 接入电源和地,取其中 1 个 JK 触发器,并将 $\overline{S}_D$、$\overline{R}_D$、J、K 端分别接入逻辑电平开关输出插口,CP 端接入单次脉冲源,输出端 Q、$\overline{Q}$ 分别接发光二极管,如图 3.27 所示。

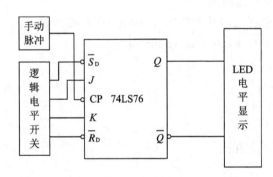

图 3.27 JK 触发器逻辑功能测试接线图

1) 测试异步置位端 $\overline{S}_D$ 和复位端 $\overline{R}_D$ 的功能

使 J、K、CP 为任意状态,并按表 3.19 的要求改变 $\overline{S}_D$ 和 $\overline{R}_D$ 的值,观察输出端 Q、$\overline{Q}$ 的状态,将结果记入表中。

表 3.19 　异步置位和复位功能表

J	K	CP	$\overline{S}_D$	$\overline{R}_D$	Q	$\overline{Q}$
$\times$	$\times$	$\times$	1	0		
$\times$	$\times$	$\times$	0	1		

2）测试 JK 触发器的逻辑功能

按表 3.20 的要求改变 J、K、CP 端的状态，观察输出端 Q 的状态，将结果记入表中。

表 3.20 　JK 触发器逻辑功能表

J	K	CP	Q^{n+1}	
			$Q^n = 0$	$Q^n = 1$
0	0	0→1		
		1→0		
0	1	0→1		
		1→0		
1	0	0→1		
		1→0		
1	1	0→1		
		1→0		

3）方法提示

74LS76 为下降沿触发的双 JK 触发器，测试其逻辑功能时，$\overline{S}_D$、$\overline{R}_D$ 为低电平有效；当不用强迫置 0、置 1 时，$\overline{S}_D$、$\overline{R}_D$ 端应接高电平。

2. 测试双 D 触发器 74LS74 的逻辑功能

将集成 D 触发器 74LS74 接入电源和地，取其中 1 个 D 触发器，并将 $\overline{S}_D$、$\overline{R}_D$、D 端分别接入逻辑电平开关输出插口，CP 端接入单次脉冲源，输出端 Q、$\overline{Q}$ 分别接发光二极管，如图 3.28 所示。

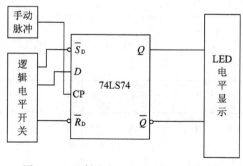

图 3.28 　D 触发器逻辑功能测试接线图

1）测试异步置位端 $\overline{S}_\mathrm{D}$ 和复位端 $\overline{R}_\mathrm{D}$ 的功能

使 D、CP 为任意状态，并按表 3.21 的要求改变 $\overline{S}_\mathrm{D}$ 和 $\overline{R}_\mathrm{D}$ 的值，观察输出端 Q、$\overline{Q}$ 的状态，将结果记入表中。

表 3.21　异步置位和复位功能表

D	CP	$\overline{S}_\mathrm{D}$	$\overline{R}_\mathrm{D}$	Q	$\overline{Q}$
$\times$	$\times$	1	0		
$\times$	$\times$	0	1		

2）测试 D 触发器的逻辑功能

按表 3.22 的要求改变 D、CP 端的状态，观察输出端 Q 的状态，将结果记入表中。

表 3.22　D 触发器逻辑功能表

D	CP	Q^{n+1}	
		$Q^n=0$	$Q^n=1$
0	$0\rightarrow1$		
0	$1\rightarrow0$		
1	$0\rightarrow1$		
1	$1\rightarrow0$		

注意：触发器功能测试的时序，同步或异步清零、置位及进位功能与 CP 脉冲的关系。

3）方法提示

在 74LS74 中，$\overline{S}_\mathrm{D}$ 和 $\overline{R}_\mathrm{D}$ 为低电平有效，它们优先于 D 端而起作用；当不用强迫置 0、置 1 时，$\overline{S}_\mathrm{D}$ 和 $\overline{R}_\mathrm{D}$ 都应接高电平。

3. 测试集成计数器 74LS161 的逻辑功能

根据引脚图将集成计数器 74LS161 的输出引脚分别接实验箱的逻辑电平开关，输出引脚分别接发光二极管，按表 3.23 的要求填表。

表 3.23　74LS161 的功能测试

输　入									输　出			
C_r	LD	P	T	CP	D	C	B	A	Q_D	Q_C	Q_B	Q_A
0	$\times$	$\times$	$\times$	$\times$	$\times$	$\times$	$\times$	$\times$				
1	0	$\times$	$\times$	$\uparrow$	1	1	1	1				
1	1	1	1	$\uparrow$	1	1	0	1				
1	1	0	$\times$	$\times$	0	1	0	0				
1	1	$\times$	0	$\times$	0	0	1	0				

注意：认清集成块的定位标记，不得插反。电源电压只允许在 $5 \times (1 \pm 10\%)$ V 的范围工作，超过 5.5 V，将损坏器件，低于 4.5 V，器件的逻辑功能将不正常。

4. 用 Verilog HDL 设计 D 触发器

参考实验原理的相关内容，用 Verilog HDL 设计实现一个带同步置位和同步复位功能的 D 触发器，并进行仿真与分析。要求：

（1）在 Quartus Ⅱ 平台上设计程序并仿真题目要求。

（2）下载验证 D 触发器的逻辑功能。

（3）提交 Verilog HDL 代码和仿真结果。

5. 用 Verilog HDL 设计四位同步二进制加法计数器

四位同步二进制加法计数器的工作原理是，当时钟信号 clk 的上升沿到来，且复位信号 clr 低电平有效时，就把计数器的状态清 0。在 clr 复位信号无效（即此时高电平有效）的前提下，当 clk 的上升沿到来时，如果计数器原态是 15，则计数器回到 0 态，否则计数器的状态将加 1。要求：

（1）在 Quartus Ⅱ 平台上编程实现同步二进制加法计数器，并分别用 LED 和数码管来显示结果。

（2）仿真所编程序，验证其正确性。

根据实验箱的说明自己锁定引脚，将程序下载到实验板上，并观察效果。

七、思考题

（1）JK 触发器和 D 触发器的逻辑功能及触发方式有何不同？

（2）总结各触发器的状态表、状态方程、波形图和触发方式。

八、实验报告要求

（1）总结异步置位端 $\overline{S_D}$ 和复位端 $\overline{R_D}$ 的作用，说明使用条件。

（2）记录各种触发器的逻辑功能，并说明触发方式。

（3）回答思考题。

九、知识拓展

1. 不同触发器之间的转换

（1）将 JK 触发器转换成 D 触发器和 T′ 触发器，设计转换电路，并检验转换后电路是否具有 D 触发器和 T′ 触发器的逻辑功能。

（2）将 D 触发器转换成 JK 触发器和 T′ 触发器，设计转换电路，并检验转换后电路是否具有 JK 触发器和 T′ 触发器的逻辑功能。

2. 用四位二进制计数器 74LS161 和与非门设计 $M=7$ 的加法计数器

（1）用具体的器件在实验箱上实现电路，用示波器观察并记录输入、输出信号波形。

（2）利用 Quartus Ⅱ 软件，用原理图输入的方法实现电路，并用 FPGA 芯片实现。

3. 设计一个计数型序列码产生器，产生序列码为 1101000101

（1）用 74LS161、74LS151 和门电路实现电路，用示波器观察并记录输入、输出信号波形。

（2）用 Verilog HDL 描述电路，并下载到 FPGA 芯片中。下载完成后，用示波器观察输入、输出信号波形，和(1)进行比较。

3.4 译码显示电路及其应用

一、实验目的

（1）了解译码器的工作原理及其功能。

（2）掌握 74LS138 译码器的功能及应用。

（3）掌握 74LS248 译码器的功能及应用。

（4）了解七段数码管的使用方法。

（5）掌握用 Verilog HDL 描述译码器的方法。

二、预习要求

（1）复习译码、半导体数码管的工作原理。

（2）熟悉译码器 74LS138 的逻辑电路图及其功能。

（3）熟悉译码器 74LS248 和七段数码管的逻辑电路图及引脚排列。

三、实验原理

译码是编码的逆过程，译码器（Decoder）的逻辑功能是将输入二进制代码的原意"译成"相应的状态信息。本实验中主要介绍二进制译码器 74LS138 及显示译码器 74LS248。

1. 74LS138

3-8 译码器 74LS138 的引脚图和功能表分别如图 3.29 和表 3.24 所示。它有三个使能端 E_1、$\overline{E}_2$、$\overline{E}_3$，只有 $E_1=1$，$\overline{E}_2=\overline{E}_3=0$ 同时满足时才允许译码，如果其中有一个条件不满足，就禁止译码。设置多个使能端的目的是利用使能端可以组成各种电路。除了使能端以外，它有三个数据输入端 A_2、A_1、A_0 及 8 个数据输出端 $\overline{Y}_0 \sim \overline{Y}_7$，输出为低电平有效。选定哪一个输出有效，取决于输入端的状态。

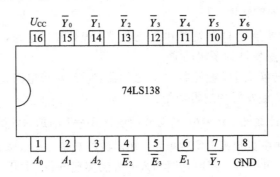

图 3.29 74LS138 的引脚图

表 3.24　74LS138 功能表

E_1	$\overline{E}_2+\overline{E}_3$	A_2	A_1	A_0	$\overline{Y}_0$	$\overline{Y}_1$	$\overline{Y}_2$	$\overline{Y}_3$	$\overline{Y}_4$	$\overline{Y}_5$	$\overline{Y}_6$	$\overline{Y}_7$
0	×	×	×	×	1	1	1	1	1	1	1	1
×	1	×	×	×	1	1	1	1	1	1	1	1
1	0	0	0	0	0	1	1	1	1	1	1	1
1	0	0	0	1	1	0	1	1	1	1	1	1
1	0	0	1	0	1	1	0	1	1	1	1	1
1	0	0	1	1	1	1	1	0	1	1	1	1
1	0	1	0	0	1	1	1	1	0	1	1	1
1	0	1	0	1	1	1	1	1	1	0	1	1
1	0	1	1	0	1	1	1	1	1	1	0	1
1	0	1	1	1	1	1	1	1	1	1	1	0

2. 74LS248

74LS248 是一种具有锁存功能的四线七段译码器/驱动器，其功能是把"8421"二—十进制代码译成对应于数码管的七个字段信号，驱动数码管显示出相应的十进制数码。74LS248 的外引线排列图如图 3.30 所示(其中 A、B、C、D 为四线输入，$a\sim g$ 为七段输出，电路输出为高电平有效)，功能表如表 3.25 所示。

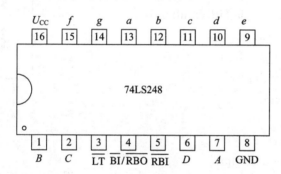

图 3.30　74LS248 型七段译码器的外引线排列图

表 3.25　74LS248 型七段译码器功能表

功能和十进制数	输　入							输　出							显示
	$\overline{LT}$	$\overline{RBI}$	$\overline{BI}/\overline{RBO}$	D	C	B	A	$\overline{a}$	$\overline{b}$	$\overline{c}$	$\overline{d}$	$\overline{e}$	$\overline{f}$	$\overline{g}$	
试灯	0	×	1	×	×	×	×	0	0	0	0	0	0	0	8
灭灯	×	×	0	×	×	×	×	1	1	1	1	1	1	1	
灭 0	1	0	1	0	0	0	0	1	1	1	1	1	1	1	
0	1	1	1	0	0	0	0	1	1	1	1	1	1	0	0
1	1	×	1	0	0	0	1	0	1	1	0	0	0	0	1
2	1	×	1	0	0	1	0	1	1	0	1	1	0	1	2

功能和十进制数	输入							输出							显示
	$\overline{LT}$	$\overline{RBI}$	$\overline{BI/RBO}$	D	C	B	A	$\bar{a}$	$\bar{b}$	$\bar{c}$	$\bar{d}$	$\bar{e}$	$\bar{f}$	$\bar{g}$	
3	1	×	1	0	0	1	1	1	1	1	1	0	0	1	3
4	1	×	1	0	1	0	0	0	1	1	0	0	1	1	4
5	1	×	1	0	1	0	1	1	0	1	1	0	1	1	5
6	1	×	1	0	1	1	0	1	0	1	1	1	1	1	6
7	1	×	1	0	1	1	1	1	1	1	0	0	0	0	7
8	1	×	1	1	0	0	0	1	1	1	1	1	1	1	8
9	1	×	1	1	0	0	1	1	1	1	1	0	1	1	9

3. 显示器

数码显示器的品种很多,有荧光数码管、辉光数码管、液晶显示器和半导体显示器。本实验选用共阴极半导体数码管 LC5011-11,其外引线排列图如图 3.31 所示。

4. 用 Verilog HDL 描述译码器

源代码如下:

```
module decoder38(datain,result);
  input [2:0] datain;
  output [7:0]result;
  reg[7:0] result;
always@(datain)
  begin
  case(datain)
  3'b000:result=8'h01;
  3'b001:result=8'b00000010;
  3'b010:result=8'b00000100;
  3'b011:result=8'b00001000;
  3'b100:result=8'b00010000;
  3'b101:result=8'b00100000;
  3'b110:result=8'b01000000;
  3'b111:result=8'b10000000;
  endcase
  end
endmodule
```

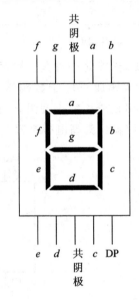

图 3.31 LC5011-11 的外引线排列图

四、实验仪器

本次实验需要的实验仪器如表 3.26 所示。

表 3.26 实 验 仪 器

序号	仪 器 名 称	功 能 作 用	数 量
1	数字电路实验箱	提供实验电源、逻辑电平、显示器、脉冲源	1
2	74LS138	3-8 译码器	1
3	74LS248	四线七段译码器	1
4	74LS20	四输入与非门	1
5	七段数码管	显示器	1

五、实验内容

(1) 设计一个三变量多数表决器电路。

(2) 3-8 译码器的应用。

(3) 74LS248 译码器的应用。

六、实验步骤

1. 设计一个三变量多数表决器电路

用 3-8 译码器 74LS138 和门电路实现三变量多数表决器电路,参考电路如图 3.32 所示,将结果填入表 3.27 中。

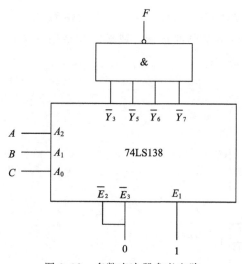

图 3.32 多数表决器参考电路

表 3.27 三变量表决器真值表

A	B	C	F
0	0	0	
0	0	1	
0	1	0	
0	1	1	
1	0	0	
1	0	1	
1	1	0	
1	1	1	

2. 3-8 译码器的应用

用 3-8 译码器实现函数:

$$F_1 = \sum m(0,4,7)$$

$$F_2 = \sum m(1,2,3,5,6,7)$$

（1）用 3 - 8 译码器 74LS138 和门电路实现电路，设计电路原理图，参考电路如图 3.33 所示。

（2）利用 Quartus Ⅱ软件，用原理图输入的方法实现电路，并进行功能和时序仿真，记录仿真波形。

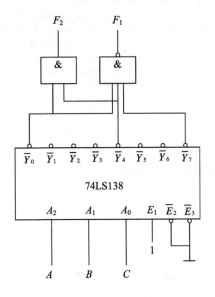

图 3.33　参考电路

3. 74LS248 译码器的应用

按图 3.34 所示接法连线，计数器部分可由 74LS161 组成，并与 74LS248 型二—十进制译码器及七段半导体数码管（共阴极）连接，按下单脉冲按钮，观察实验结果并填入表 3.28 中。

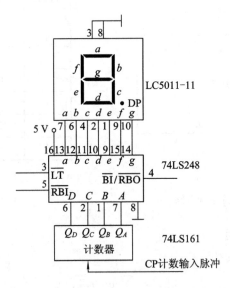

图 3.34　十进制计数译码显示电路连线图

表 3.28　十进制计数译码显示电路测试

CP	$\overline{LT}$	$\overline{RBI}$	$\overline{BI}/\overline{RBO}$	数码管显示字形
0	1	1	1	
1	1	×	1	
2	1	×	1	
3	1	×	1	
4	1	×	1	
5	1	×	1	
6	1	×	1	
7	1	×	1	
8	1	×	1	
9	1	×	1	

七、思考题

(1) 共阳和共阴数码管内部有什么不同? 分别由什么电平驱动?

(2) 二进制译码器的应用都有哪些?

八、实验报告要求

(1) 搭接电路图,记录测量结果。

(2) 总结 74LS138 译码器的使用特点。

(3) 回答思考题。

九、知识拓展

1. 设计一个多地址译码器

设计一个多地址译码器。该电路有 10 根地址输入线 $A_9 \sim A_0$,要求当地址码为 2E0H~2E7H 时,译码器输出 $\overline{Y}_0 \sim \overline{Y}_7$ 分别被译中。用 Verilog HDL 描述该电路功能,进行功能和时序仿真,并将程序下载到 FPGA 芯片中,测试电路功能。

2. 设计一个数字显示报警电路

设计一个数字显示报警电路。该电路共有三路报警信号。当第一路有报警信号时,数码管显示 1;当第二路有报警信号时,数码管显示 2;当第三路有报警信号时,数码管显示 3;当两路或两路以上有报警信号时,数码管均显示 8;当无报警信号时,数码管显示 0。

(1) 用 3 - 8 译码器 74LS138 和门电路设计电路，用译码、显示电路显示报警电路。

(2) 用 Verilog HDL 描述电路，并用 FPGA 芯片实现。

3.5　555 时基电路及其应用

一、实验目的

(1) 掌握 555 型时基电路的结构、工作原理及特点。

(2) 掌握 555 型时基电路的基本应用。

(3) 了解 555 型时基电路在工程实践中的应用。

二、预习要求

(1) 熟悉 555 型时基电路的功能和应用。

(2) 熟悉由 555 型时基电路构成的单稳态触发器和多谐振荡器的工作原理。

(3) 根据电路中电阻、电容的数值计算有关参数。

三、实验原理

555 定时器是一种数字、模拟混合型的中规模集成电路，广泛应用于电子控制、电子检测、仪器仪表、家用电器、音响报警、电子玩具等诸多方面，还可用作振荡器、脉冲发生器、延时发生器、定时器、方波发生器、单稳态触发振荡器、双稳态多谐振荡器、自由多谐振荡器、锯齿波发生器、脉宽调制器、脉位调制器等。

555 定时器有双极型和 CMOS 型两大类，二者的结构与工作原理类似。几乎所有的双极型产品型号最后的三位数码都是 555 或 556；所有的 CMOS 产品型号最后的四位数码都是 7555 或 7556。二者的逻辑功能和引脚排列完全相同，易于互换。555 和 7555 是单定时器，556 和 7556 是双定时器。双极型的电源电压为 5～15 V，输出的最大电流可达 200 mA；CMOS 型的电源电压为 3～18 V，输出的最大电流在 4 mA 以下。

1. 555 定时器的工作原理

555 单定时器的封装有 8 脚圆形和 8 脚双列直插型两种，555 双定时器的封装只有 14 脚双列直插型一种。本实验所用的 555 时基电路芯片为 NE555，其外引线排列图如图 3.35 所示。

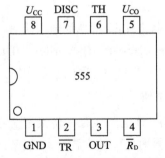

图 3.35　555 定时器的外引线排列图

图中各引脚的功能简述如下：

$\overline{R}_D$：清零端。当 $\overline{R}_D=0$ 时，输出端为低电平。平时 $\overline{R}_D$ 开路或接 U_{CC}。

TH：阈值端，高电平触发。当 TH 端的电压大于 $\frac{2}{3}U_{CC}$ 时，输出端为低电平。

$\overline{TR}$：触发端，低电平触发。当 $\overline{TR}$ 端的电压小于 $\frac{1}{3}U_{CC}$ 时，输出端为高电平。

DISC：放电端，为外接 RC 回路提供放电或充电通路。

OUT：输出端。

U_{CO}：控制电压端。平时 U_{CO} 输出 $\frac{2}{3}U_{CC}$ 作为比较器的参考电平，当外接一个输入电压时，即改变了比较器的参考电平，从而实现对输出的另一种控制；在不接外加电压时，通常接一个 $0.01~\mu F$ 的电容器接地，起滤波作用，以消除外来的干扰，确保参考电平的稳定。

表 3.29 为 555 定时器的功能表。

表 3.29　555 定时器功能表

$\overline{R}_D$	TH	$\overline{TR}$	OUT
0	$\times$	$\times$	0
1	$>\frac{2}{3}U_{CC}$	$>\frac{1}{3}U_{CC}$	0
1	$<\frac{2}{3}U_{CC}$	$<\frac{1}{3}U_{CC}$	1
0	$<\frac{2}{3}U_{CC}$	$>\frac{1}{3}U_{CC}$	保持

2. 555 定时器的应用

555 定时器有单稳态、双稳态和无稳态三种基本工作方式。用这三种方式中的一种或多种组合可以组成各种实用的电子电路。

1）构成单稳态触发器

图 3.36(a)为由 555 定时器和外接定时元件 R、C 构成的单稳态触发器。触发电路由 C_1、R_1、V_D 构成，其中 V_D 为钳位二极管，稳态时 555 电路输入端等于电源电平，输出端输出低电平。当有一个外部负脉冲触发信号经 C_1 加到 2 端，并使 2 端电位瞬时低于 $\frac{1}{3}U_{CC}$ 时，输出端电平由低电平跳变到高电平，单稳态电路即开始一个暂态过程，电容 C 开始充电，u_C 按指数规律增长；当 u_C 充电到 $\frac{2}{3}U_{CC}$ 时，输出端电平由高电平翻转为低电平，电容 C 上的电荷很快经放电开关管放电，暂态结束，恢复稳态，为下个触发脉冲的来到做好准备。单稳态触发工作波形如图 3.36(b)所示。

暂稳态的持续时间 t_W（即延时）决定于外接元件 R、C 值的大小，即

$$t_W = RC \ln 3 \approx 1.1RC$$

通过改变 R、C 的大小，可使延时在几个微秒到几十分钟之间变化。当这种单稳态电路作

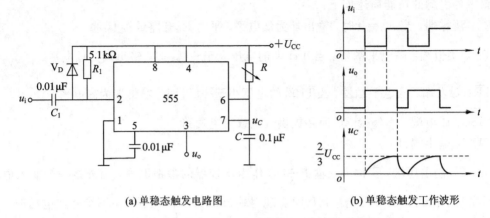

(a) 单稳态触发电路图   (b) 单稳态触发工作波形

图 3.36　由 555 定时器构成的单稳态触发器

为计时器时，可直接驱动小型继电器，并可以使用复位端(4 脚)接地的方法来中止暂态，重新计时。此外，尚需用一个续流二极管与继电器线圈并接，以防继电器线圈反电势损坏内部功率管。

2）构成多谐振荡器

图 3.37(a)为由 555 定时器和外接元件 R_1、R_2、C 构成的多谐振荡器，2 脚与 6 脚直接相连。电路没有稳态，仅存在两个暂稳态。电路亦不需要外加触发信号，利用电源通过 R_1、R_2 向 C 充电，以及 C 通过 R_2 向放电端(7 脚)放电，使电路产生振荡。电容 C 在 $\frac{1}{3}U_{\mathrm{cc}}$ 和 $\frac{2}{3}U_{\mathrm{cc}}$ 之间充电与放电，其波形如图 3.37(b)所示。输出信号的时间参数为

$$T = t_{\mathrm{w1}} + t_{\mathrm{w2}}, \qquad t_{\mathrm{w1}} = 0.7(R_1 + R_2)C, \qquad t_{\mathrm{w2}} = 0.7R_2C$$

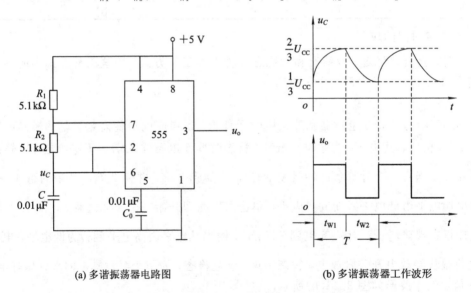

(a) 多谐振荡器电路图   (b) 多谐振荡器工作波形

图 3.37　由 555 定时器构成的多谐振荡器

555 电路要求 R_1 与 R_2 均应大于或等于 1 kΩ，但 $R_1 + R_2$ 应小于或等于 3.3 MΩ。

外部元件的稳定性决定了多谐振荡器的稳定性。555 定时器配以少量的元件即可获得

较高精度的振荡频率和具有较强的功率输出能力，因此这种形式的多谐振荡器应用很广。

3）组成占空比可调的多谐振荡器

占空比可调的多谐振荡器电路如图 3.38 所示，它比图 3.37 所示的电路多了一个电位器和两个导引二极管。V_{D1}、V_{D2} 用来决定电容充、放电电流流经电阻的途径（充电时 V_{D1} 导通，V_{D2} 截止；放电时 V_{D2} 导通，V_{D1} 截止）。占空比为

$$P = \frac{t_{W1}}{t_{W1} + t_{W2}} \approx \frac{0.7 R_A C}{0.7 C (R_A + R_B)} = \frac{R_A}{R_A + R_B}$$

可见，若取 $R_A = R_B$，则电路可输出占空比为 50% 的方波信号。

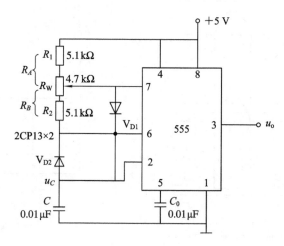

图 3.38　占空比可调的多谐振荡器

4）组成施密特触发器

施密特触发器电路如图 3.39 所示，只要将 555 定时器的 2 脚、6 脚连在一起作为信号输入端，即可得到施密特触发器。图 3.40 示出了 u_s、u_i 和 u_o 的波形图。

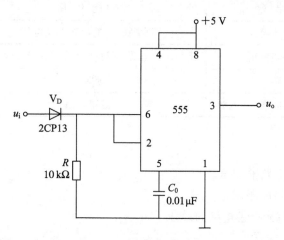

图 3.39　施密特触发器

设被整形变换的电压为正弦波 u_s，其正半波通过二极管 V_D 同时加到 555 定时器的 2

脚和 6 脚，得 u_i 为半波整流波形。当 u_i 上升到 $\frac{2}{3}U_{CC}$ 时，u_o 从高电平翻转为低电平；当 u_i 下降到 $\frac{1}{3}U_{CC}$ 时，u_o 又从低电平翻转为高电平。电路的电压传输特性曲线如图 3.41 所示。回差电压为

$$\Delta U = \frac{2}{3}U_{CC} - \frac{1}{3}U_{CC} = \frac{1}{3}U_{CC}$$

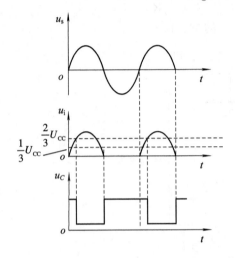

图 3.40　施密特触发器波形图

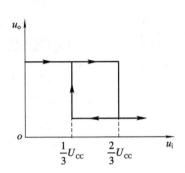

图 3.41　电压传输特性曲线

四、实验仪器

本次实验需要的实验仪器如表 3.30 所示。

表 3.30　实 验 仪 器

序号	仪 器 名 称	功 能 作 用	数　量
1	双踪示波器	观测输入/输出波形及电压	1
2	数字电路实验箱	提供实验电源、逻辑电平、显示器、脉冲源	1
3	NE555	定时器	1
4	电阻、电容、二极管、电位器	搭建电路	若干

五、实验内容

（1）单稳态触发电路的测试。

（2）多谐振荡电路的测试。

（3）555 定时器声光报警电路的设计。

六、实验步骤

1. 单稳态触发电路的测试

（1）用 555 定时器设计一个单稳态触发器，要求输出脉冲宽度为 0.8 ms，给定输入信

号频率为 1 kHz,电容 $C=0.1\ \mu F$,确定电阻 R 的值。

（2）按图 3.36(a)连线,并按照设计参数对电阻 R 取值,函数信号发生器提供一个频率为 1 kHz、U_{pp} 为 5 V 的方波作为输入信号,用双踪示波器观测 u_i、u_C、u_o 的波形,测量幅度与暂稳时间,将结果填入表 3.31 中,并与理论值相比较。

表 3.31　单稳态触发器功能表

T	计算值＝	测量值＝	
t_W	计算值＝	测量值＝	
u_{Cpp}	测量值＝	u_{opp}	测量值＝

注意：单稳态、施密特触发器的输入信号的幅值不能过大。

（3）方法提示：根据实验原理中的公式计算出电阻 R 的值；电阻 R 可选用电位器代替；连线时看清集成芯片的引脚序号及功能。

2. 多谐振荡电路的测试

（1）用 555 定时器设计一个多谐振荡器,要求振荡频率 $f=1$ kHz,给定电容 $C=0.1\ \mu F$,确定电阻 R_1、R_2 的值。

（2）按图 3.37(a)连线,并按照设计参数对电阻 R_1、R_2 取值,用双踪示波器观测 u_C 和 u_o 的波形,测量幅度与暂稳时间,将结果填入表 3.32 中,并与理论值相比较。

表 3.32　多谐振荡器功能表

t_{W1}	计算值＝	测量值＝	
t_{W2}	计算值＝	测量值＝	
T	计算值＝	测量值＝	
u_{Cpp}	测量值＝	u_{opp}	测量值＝

（3）方法提示：根据实验原理中的公式计算出电阻 R_1 和 R_2 的值,注意单位的换算。

注意：认清集成块的定位标记,不得插反。电源电压 U_{CC} 只允许在 $5\times(1\pm10\%)$ V 的范围内工作,超过 5.5 V,将损坏器件,低于 4.5 V,器件的逻辑功能将不正常。

3. 555 定时器声光报警电路的设计

声光报警电路是一种防盗装置,在有情况时它通过指示灯闪光和蜂鸣器鸣叫,同时报警,电路如图 3.42 所示。设计指标：指示灯闪光频率为 1～2 Hz,蜂鸣器发出间隙声响的频率约为 1000 Hz,指示灯采用发光二极管。要求：

(1) 按题目内容设计电路，计算元器件参数。

(2) 进行 Multisim 仿真，验证所设计电路的功能。

(3) 搭接电路并调试。

(4) 完成电路的性能测试与分析。

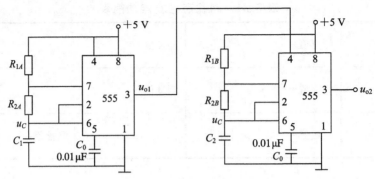

图 3.42　报警器参考电路

七、思考题

(1) 单稳态触发器要求触发脉冲宽度小于输出脉冲，为什么？

(2) 图 3.37(a) 中的多谐振荡器的占空比可以小于 50％吗？为什么？

八、实验报告要求

(1) 按设计要求计算相关参数。

(2) 画出各测试点的波形，分析、总结实验结果。

(3) 回答思考题。

九、知识拓展

1. 施密特触发器

用 555 定时器和电阻、电容等搭建一个施密特触发器。输入端加入三角波，用示波器观测输入、输出波形。

2. 模拟声响电路

用 555 定时器和电阻、电容设计一个模拟声响电路，要求扬声器发出 1 kHz 的间歇声响。

3.6 移位寄存器及其应用

一、实验目的

(1) 熟悉移位寄存器的工作原理及使用方法。

(2) 掌握移位寄存器的应用。

(3) 能设计移位寄存器的电路及应用电路。

（4）能用 Verilog HDL 描述的方法设计移位寄存器电路及应用电路，并能将其下载到 FPGA 器件中实现所描述的电路。

二、预习要求

（1）复习常用移位寄存器 74LS194 的基本工作原理。
（2）熟悉 74LS194 的外引脚排列图及功能表。
（3）复习用移位寄存器 74LS194 实现移位型计数器的方法。
（4）复习用移位寄存器和数据选择器或变量译码器实现序列码产生器的方法。
（5）复习用移位寄存器实现序列码检测器的方法。

三、实验原理

1. 四位双向移位寄存器 74LS194

移位寄存器（Shift Register，简称移存器）是具有移位功能的寄存器。所谓移位，就是指寄存器中锁存数码能在移位脉冲（时钟脉冲）作用下，依次转移到相邻的触发器中。根据移位的方向不同，移位寄存器可分为左移、右移和双向移位寄存器；根据输入、输出形式的不同，移位寄存器又有串行输入/串行输出（串入/串出）、串行输入/并行输出（串入/并出）、并行输入/串行输出（并入/串出）等类型。

74LS194 是四位双向移位寄存器，它具有左移、右移、并行置数、保持、清除等多种功能，其外引线排列图如图 3.43 所示。

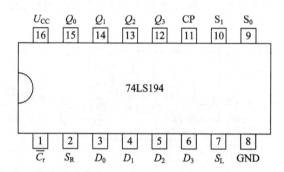

图 3.43　74LS194 的外引线排列图

74LS194 各引脚的功能如下：

$D_0 \sim D_3$：并行数码输入端。

$\overline{C_r}$：异步清零端，低电平有效。

S_R、S_L：右移、左移串行数据输入端。

S_0、S_1：工作方式控制端。

CP：时钟脉冲输入端。

74LS194 的操作主要由两个工作方式控制端 S_0、S_1 来决定。当 $S_0 S_1 = 00$ 时，为保持状态；当 $S_0 S_1 = 01$ 时，进行右移操作；当 $S_0 S_1 = 10$ 时，进行左移操作；当 $S_0 S_1 = 11$ 时，进行送数操作。在后三种操作中，都是同步的，即必须有时钟信号，在时钟信号的上升沿到来时，进行左移、右移和送数操作。74LS194 功能表如表 3.33 所示。

表 3.33　74LS194 功能表

$\overline{C}_r$	S_1	S_0	CP	S_L	S_R	D_0	D_1	D_2	D_3	Q_0^{n+1}	Q_1^{n+1}	Q_2^{n+1}	Q_3^{n+1}
0	×	×	×	×	×	×	×	×	×	0	0	0	0
保持	0	0	×	×	×	×	×	×	×				
1	0	1	↑	×	S_R	×	×	×	×	S_R	Q_0^n	Q_1^n	Q_2^n
1	1	0	↑	S_L	×	×	×	×	×	Q_1^n	Q_2^n	Q_3^n	S_L
1	1	1	↑	×	×	a	b	c	d	a	b	c	d
保持	×	×	0	×	×	×	×	×	×				

2. 74LS194 的应用——构成移位型计数器

移位寄存器是数字系统中应用最为广泛的时序逻辑器件之一，下面介绍由移位寄存器构成的移位型计数器。移位型计数器由移位寄存器加反馈网络组成。典型的移位型计数器有以下两种。

1）环型计数器

n 位环型计数器由 n 位移位寄存器组成，其反馈逻辑方程为 $D_1 = Q_n$。图 3.44(a)是由 74LS194 构成的四位环型计数器，其输入方程为 $S_R = Q_3$。根据移位规律作出完全状态图，如图 3.44(b)所示。

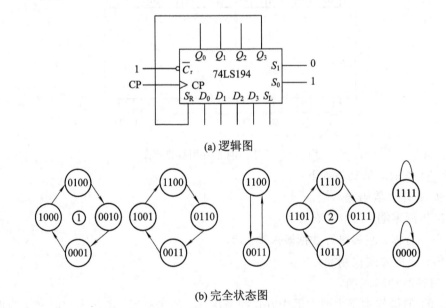

(a) 逻辑图

(b) 完全状态图

图 3.44　四位环型计数器

环型计数器结构简单，其特点是每个时钟周期可以只有一个输出端为 1(或 0)，因此可以直接用环型计数器的输出作为状态输出信号或节拍信号，不需要再加译码电路。但是它的状态利用率低，n 个触发器或 n 位移位寄存器只能构成 $M=n$ 的计数器，有 (2^n-n) 个无效状态。

为了使环型计数器具有自启动特性，需要对电路进行修改。图 3.45 为修正后的四位环型计数器，它利用了 74LS194 的预置功能，并进行全 0 序列检测，有效地消除了无效循环。

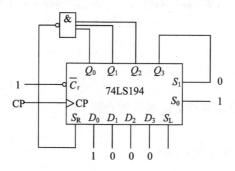

图 3.45　具有自启动特性的环型计数器

2) 扭环型计数器(也称循环码或约翰逊计数器)

n 位扭环型计数器由 n 位移存器组成，其反馈逻辑方程为 $D_1=\overline{Q}_n$。n 位移位寄存器能构成 $M=2n$ 的计数器，有 (2^n-2n) 个无效状态。图 3.46(a)是由 74LS194 构成的四位环型计数器，其输入方程为 $S_R=\overline{Q}_3$。根据移位规律作出完全状态图，如图 3.46(b)所示。

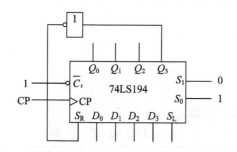

(a) 逻辑图

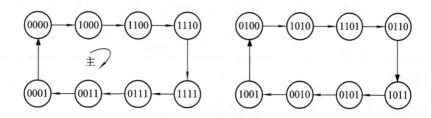

(b) 完全状态图

图 3.46　扭环型计数器

为了使扭环型计数器具有自启动特性，需要对电路进行修改。图 3.47 为修改后的扭环型计数器，它利用了 74LS194 的送数和右移功能，打破了无效循环链，回到有效循环状态。

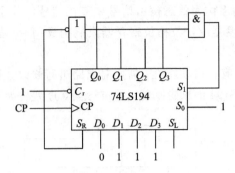

图 3.47　具有自启动特性的扭环型计数器

3. 用 Verilog HDL 设计实现环型移位寄存器

源代码如下：

```
module shiftreg(Q,clk,reset);
    input clk,reset;
    output [3:0]Q;
    reg [3:0]Q;
    always@(posedge clk)
    if(!reset)
        Q<=4'b0000;
    else
        Q<={Q[2:0],Q[3]};
endmodule
```

四、实验仪器

本次实验需要的实验仪器如表 3.34 所示。

表 3.34　实验仪器

序号	仪器名称	功能作用	数量
1	双踪示波器	观测输入/输出波形及电压	1
2	数字电路实验箱	提供实验电源、逻辑电平、显示器、脉冲源	1
3	74LS194	移位寄存器	1
4	门电路	搭建电路	1

五、实验内容

（1）测试具有自启动特性的环型计数器的功能。
（2）测试具有自启动特性的扭环型计数器的功能。
（3）设计一个双序列码发生器。

六、实验步骤

1. 测试具有自启动特性的环型计数器的功能

设计具有自启动特性的环型计数器，其有效循环状态如图 3.44(b)所示，电路可参考

图 3.44(a)。

(1) 用 74LS194 及门电路搭建双向移位寄存器,用双踪示波器观察并记录输入、输出波形。

(2) 用原理图输入的方式实现电路,并进行仿真,然后将代码下载到 FPGA 器件中测试其功能。

2. 测试具有自启动特性的扭环型计数器的功能

设计具有自启动特性的扭环型计数器,其有效循环状态如图 3.46(b)所示,电路可参考图 3.46(a)。

(1) 用 74LS194 及门电路搭建双向移位寄存器,用双踪示波器观察并记录输入、输出波形。

(2) 用原理图输入的方式实现电路,并进行仿真,然后将代码下载到 FPGA 器件中测试其功能。

3. 设计一个双序列码发生器

设计一个能同时产生两组序列码的双序列码发生器,要求两组代码分别是 $Z_1 = 110101$ 及 $Z_2 = 010110$,参考电路如图 3.48 所示。

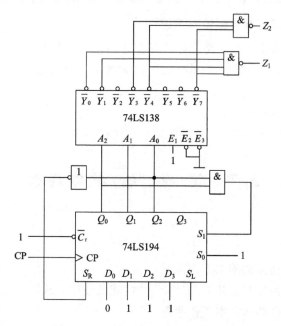

图 3.48 双序列码发生器参考电路

(1) 用 74LS194 和 74LS138 搭建双序列码发生器电路,用双踪示波器观察并记录输入、输出波形。

(2) 用 Verilog HDL 描述电路功能,并进行时序仿真,然后将代码下载到 FPGA 器件中测试其功能。

七、思考题

(1) 74LS194 移位寄存器的应用还有哪些?

(2) 如何用 74LS194 移位寄存器设计 m 序列码发生器？

八、实验报告要求

(1) 写明实验目的。

(2) 写明实验所用仪器、设备及名称、型号。

(3) 按照要求记录测量结果。

(4) 整理实验数据，分析实验结果。

(5) 总结由本实验所获得的体会。

九、知识拓展

1. 设计一个 4 路彩灯显示系统

设计一个简单的 4 路彩灯显示系统，要求两种花型以同一频率循环演示。演示花形如下：

(1) $L_1 \sim L_4$ 依次渐亮，第 1 路彩灯先亮，接着第 2、3、4 路彩灯逐渐点亮；

(2) $L_4 \sim L_1$ 依次渐灭，第 4 路彩灯先暗，接着第 3、2、1 路彩灯逐渐变暗。

2. 设计一个 8 路彩灯移存型控制系统

用 Verilog HDL 描述一个 8 路彩灯移存型控制系统，要求：

(1) 彩灯明暗变换节拍为 0.25 s 和 0.5 s，两种节拍交替运行；

(2) 彩灯演示花形为三种以上（花型可自定）；

(3) 彩灯用发光二极管模拟，

即能控制 8 路彩灯以两种节拍、三种以上花型连续循环演示。

3.7 数/模、模/数转换器

一、实验目的

(1) 熟悉 D/A 转换器的基本工作原理。

(2) 掌握 D/A 转换集成芯片 DAC0832 的性能及使用方法。

(3) 熟悉 A/D 转换器的基本工作原理。

(4) 掌握 A/D 转换集成芯片 ADC0809 的性能及使用方法。

(5) 了解用状态机实现 A/D 转换器 ADC0809 的采样控制电路。

二、预习要求

(1) 复习 D/A、A/D 转换器的基本工作原理。

(2) 熟悉 DAC0832 与 ADC0809 的逻辑框图和外引线排列图，掌握其基本工作原理和引脚功能。

(3) 了解用 Verilog HDL 实现状态机设计的方法。

三、实验原理

1. D/A 转换器 DAC0832

D/A 转换器用于将数字量转换为模拟电量，它是沟通模拟电路和数字电路的桥梁，也可称之为两者之间的接口。D/A 转换器的基本原理是把数字量的每一位按照权重转换成相应的模拟分量，然后根据叠加原理将每一位对应的模拟分量相加，输出相应的电流或电压。

D/A 转换器根据内部结构的不同，分为权电阻网络型和 T 形电阻网络型；根据输出结构的不同，分为电压输出型（如 TLC5620）和电流输出型（如 DAC0832）；根据与单片机接口方式的不同，分为并行接口 DAC（如 DAC0832、DAC0808）和串行接口 DAC（TLC5615 等）。本实验采用 DAC0832 D/A 转换器实现数/模转换。

DAC0832 是采用 CMOS 工艺制成的电流输出型 8 位数/模转换器。DAC0832 的逻辑框图及引脚排列如图 3.49 所示。

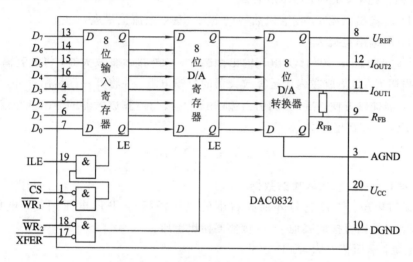

(a) 逻辑框图

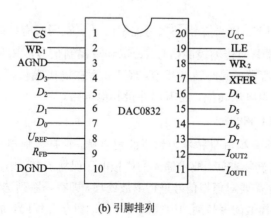

(b) 引脚排列

图 3.49　DAC0832 转换器的逻辑框图及引脚排列

DAC0832 由 8 位输入寄存器、8 位 DAC 寄存器、8 位 D/A 转换器及转换控制电路组成。其中 8 位 D/A 转换器采用 $R-2R$ 梯形电阻网络。由于使用了两个寄存器，所以可以进行两次缓冲操作，使该器件的使用具有更大的灵活性。它可以直接与微处理机的总线相接而无需附加逻辑。

DAC0832 各引脚功能如下：

$D_0 \sim D_7$：数字信号输入端，D_7 为 MSB，D_0 为 LSB。

ILE：输入寄存器允许端，高电平有效。

CS：片选信号，低电平有效，与 ILE 信号合起来共同控制 $\overline{WR_1}$ 是否起作用。

$\overline{WR_1}$：写控制信号 1，低电平有效，用来将数据总线上的数据输入锁存于 8 位输入寄存器中。$\overline{WR_1}$ 有效时，必须使 $\overline{CS}$ 和 ILE 同时有效。

$\overline{XFER}$：传输控制信号，低电平有效，用来控制 $\overline{WR_2}$ 是否起作用。

$\overline{WR_2}$：写控制信号 2，低电平有效，用来将锁存于 8 位输入寄存器中的数字传送到 8 位 D/A 寄存器锁存起来，此时 $\overline{XFER}$ 应有效。

I_{OUT1}：D/A 输出电流 1，当输入数字量全为 1 时，电流值最大。

I_{OUT2}：D/A 输出电流 2。

R_{FB}：反馈电阻。DAC0832 为电流输出型芯片，可外接运算放大器，将电流输出转换成电压输出，电阻 R_{FB} 是集成在内的运算放大器的反馈电阻，并将其一端引出片外，为在片外连接运算放大器提供方便。当 R_{FB} 的引出端（9 脚）直接与运算放大器的输出端相连接，而不另外串联电阻时，输出电压为

$$U_o = \frac{U_{REF}}{2^n} = \sum_{i=0}^{n-1} d_i 2^i$$

其中，d_i 表示 $D_0 \sim D_7$ 每次采集的数据。

U_{REF}：基准电压，通过它将外加高精度的电压源接至 T 形电压网络，电压范围为 $-10 \sim 10$ V，也可以直接向其他 D/A 转换器输出电压。

U_{CC}：电源，电压范围为 $5 \sim 15$ V。

AGND：模拟地。

DGND：数字地。

当输入锁存信号 ILE、片选信号 $\overline{CS}$ 和写控制信号 $\overline{WR_1}$ 同时有效时，数据总线上的数据 $D_7 \sim D_0$ 存入输入寄存器。当传输控制信号 $\overline{XFER}$ 和写控制信号 $\overline{WR_2}$ 同时有效时，输入寄存器的内容送入 DAC 寄存器，同时转换开始，经 1 s 后在输出端便可得到稳定的电流输出。若要利用 DAC0832 实现电压转换，还需再外接其他电路。

2. A/D 转换器 ADC0809

A/D 转换器用于将模拟电量转换为相应的数字量，它是模拟系统到数字系统的接口电路。A/D 转换器在进行转换期间，要求输入的模拟电压保持不变，因此在对连续变化的模拟信号进行模/数转换前，需要对模拟信号进行离散处理，即在一系列选定时间上对输入的连续模拟信号进行采样，在样值的保持期间内完成对样值的量化和编码，最后输出数字信号。

A/D 转换器有多种型号。并联比较型、逐次逼近型和双积分型 A/D 转换器各有特点，在不同的应用场合，应选用不同类型的 A/D 转换器。在高速场合下，可选用并联比较型

A/D 转换器，它受位数限制，精度不高，且价格贵；在低速场合下，可选用双积分型 A/D 转换器，它精度高、抗干扰能力强；逐次逼近型 A/D 转换器兼顾了上述两种 A/D 转换器的优点，速度较快、精度较高、价格适中，因此应用比较普遍。本实验采用 ADC0809 A/D 转换器实现模/数转换。

ADC0809 是采用 CMOS 工艺制成的单片 8 位 8 通道逐次逼近型模/数转换器，其逻辑框图及引脚排列如图 3.50 所示。

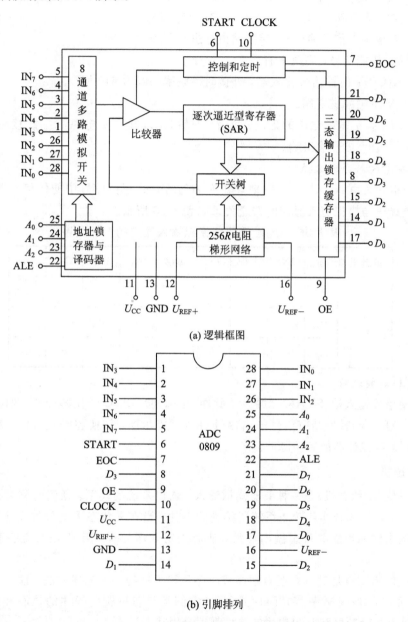

图 3.50 ADC0809 转换器的逻辑框图及引脚排列

ADC0809 的核心部分是 8 位 A/D 转换器，它由比较器、逐次逼近型寄存器、D/A 转换器及控制和定时 5 部分组成。

ADC0809 各引脚功能如下：

$IN_0 \sim IN_7$：8 路模拟信号输入端。

A_2、A_1、A_0：地址输入端。

ALE：3 位通道选择地址（ADDC、ADDB、ADDA）信号的锁存信号。在 ALE 施加正脉冲，上升沿有效，此时锁存地址码，从而选通相应的模拟信号通道，以便进行 A/D 转换。

START：启动信号输入端。在 START 施加正脉冲，当上升沿到达时，内部逐次逼近型寄存器复位；当下降沿到达时，开始 A/D 转换过程。

EOC：转换结束信号输出端（转换结束标志），高电平有效。

OE：输出使能信号，高电平有效。

CLOCK(CP)：时钟信号输入端，外接时钟频率一般为 640 kHz。

U_{CC}：5 V 单电源供电端。

U_{REF+}、U_{REF-}：基准电压的正极、负极。一般 U_{REF+} 接 5 V 电源，U_{REF-} 接地。

$D_7 \sim D_0$：数字信号输出端。

1）模拟量输入通道选择

8 路模拟开关由 A_2、A_1、A_0 三地址输入端选通 8 路模拟信号中的任何一路进行 A/D 转换，地址译码与模拟输入通道的选通关系如表 3.35 所示。

表 3.35 地址译码与模拟输入通道的选通关系

被选模拟通道		IN_0	IN_1	IN_2	IN_3	IN_4	IN_5	IN_6	IN_7
地址	A_2	0	0	0	0	1	1	1	1
	A_1	0	0	1	1	0	0	1	1
	A_0	0	1	0	1	0	1	0	1

2）A/D 转换过程

在启动信号输入端（START）加启动脉冲（正脉冲），A/D 转换即开始。如将启动信号输入端（START）与转换结束信号输出端（EOC）直接相连，转换将是连续的，在使用这种转换方式时，应在外部加启动脉冲。

3. 状态机

状态机（有限状态机）是一种具有离散输入、输出系统的模型。任何时刻它都处于一个特定的状态，状态的转换依赖于系统所接受的事件。当在某状态下有事件发生时，系统会根据输入的事件和当前的状态做出反映，从而决定如何处理该事件以及是否转换到下一状态。

状态机的本质就是对具有逻辑顺序或时序规律事件的一种描述方法。这个论断的最重要的两个词就是"逻辑顺序"和"时序规律"，它们是状态机所要描述的核心和强项。换言之，所有具有逻辑顺序和时序规律的事件都适合用状态机描述。

应用状态机，可从以下两种思路着手。第一种思路，从状态变量入手。如果一个电路具有时序规律或者逻辑顺序，我们就可以自然而然地规划出状态，从这些状态入手，分析每个状态的输入、状态转移和输出，从而完成电路功能。第二种思路是首先明确电路的输出关系，这些输出相当于状态的输出，回溯规划每个状态和状态转移条件与状态输入。无论哪种思路，使用状态机的目的都是要控制某部分电路，完成某种具有逻辑顺序或时序规律的电路设计。图 3.51 为一般状态机结构图。

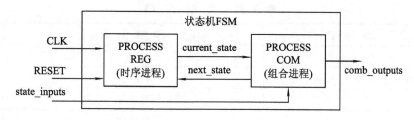

图 3.51　一般状态机结构图

图 3.52 和图 3.53 为控制 ADC0809 采样状态机结构图和状态转换图。

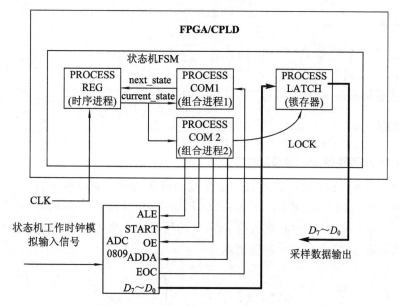

图 3.52　控制 ADC0809 采样状态机结构图

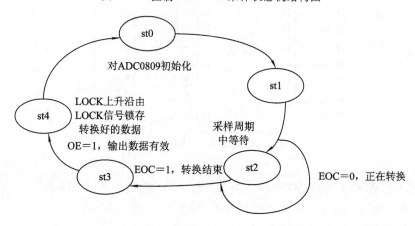

图 3.53　控制 ADC0809 采样状态转换图

四、实验仪器

本次实验需要的实验仪器如表 3.36 所示。

表 3.36　实 验 仪 器

序号	仪 器 名 称	功 能 作 用	数量
1	数字电路实验箱	提供实验电源、逻辑电平、显示器、脉冲源	1
2	电阻、电容、二极管、电位器	搭建电路	若干
3	数字万用表	测量静态工作点电压	1
4	μA741	运算放大器	1
5	DAC0832	数/模转换器	1
6	ADC0809	模/数转换器	1

五、实验内容

（1）测试 D/A 转换器 DAC0832 的功能。

（2）测试 A/D 转换器 ADC0809 的功能。

（3）用状态机实现 A/D 转换器 ADC0809 的采样控制电路。

六、实验步骤

1. 测试 D/A 转换器 DAC0832 的功能

按图 3.54 连接实验电路，输入数字量由逻辑开关提供，输出模拟量用数字电压表测量。$\overline{CS}$（1 脚）、$\overline{WR_1}$（2 脚）、$\overline{WR_2}$（18 脚）、$\overline{XEFR}$（17 脚）接地；U_{REF}（8 脚）及 ILE（19 脚）接 +5 V 电源；I_{OUT2}（12 脚）接运算放大器 μA741 的反相输入端 2 及同相输入端 3；R_{FB}（9 脚）通过电阻（或不通过）接运算放大器输出端 6。

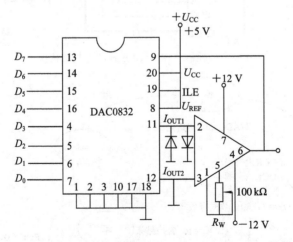

图 3.54　由 DAC0832 及运算放大器 μA741 组成的 D/A 转换电路

（1）调零。$D_0 \sim D_7$ 全置 0，调节电位器 R_W 使 μA741 输出为零。

（2）将 DAC0832 的数字量输入端 $D_7 \sim D_0$ 分别接到逻辑开关上，按表 3.37 置数，测量对应的输出模拟量 U_o，将测量结果填入表中。

表 3.37 由 DAC0832 及运算放大器 μA741 组成的 D/A 转换电路功能测试表

输入数字量								输出模拟量 U_o	
D_7	D_6	D_5	D_4	D_3	D_2	D_1	D_0	实测值	理论值
0	0	0	0	0	0	0	0		
0	0	0	0	0	0	0	1		
0	0	0	0	0	0	1	1		
0	0	0	0	0	1	1	1		
0	0	0	0	1	1	1	1		
0	0	0	1	1	1	1	1		
0	0	1	1	1	1	1	1		
0	1	1	1	1	1	1	1		
1	1	1	1	1	1	1	1		

注意：认清集成块的定位标记，不得插反。DAC0832 采用的是 T 形电阻网络，片中没有运算放大器，在使用时需要外接运算放大器。

2. 测试 A/D 转换器 ADC0809 的功能

（1）按图 3.55 接线。分别给 8 路输入 1～4.5 V 模拟信号，由＋5 V 电源经可调电阻 10 kΩ 调节分压；变换结果 D_0～D_7 接逻辑电平显示器 LED，CP 时钟脉冲由计数脉冲源提供，取 $f=100$ kHz；A_0～A_2 地址端接逻辑电平输出插口。

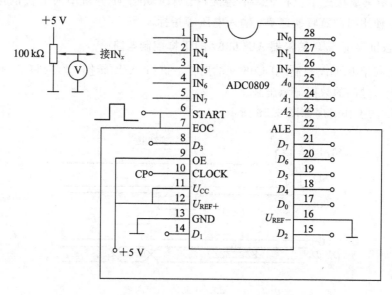

图 3.55 ADC0809 的实验电路

(2) 接通电源后，在启动信号输入端(START)加一正单次脉冲，下降沿一到即开始 A/D 转换。

(3) 按表 3.38 的要求，观察并记录 $IN_0 \sim IN_7$ 8 路模拟信号的转换结果，并将转换结果换算成十进制数表示的电压值，然后将其与数字电压表实测的各路输入电压值进行比较，分析误差原因。

表 3.38 ADC0809 功能测试表

被选模拟通道	输入模拟量 u_i/V	地 址			输 出 数 字 量								
		A_2	A_1	A_0	D_7	D_6	D_5	D_4	D_3	D_2	D_1	D_0	十进制
IN_0	3.5	0	0	0									
IN_1	3.0	0	0	1									
IN_2	3.5	0	1	0									
IN_4	3.0	0	1	1									
IN_3	2.5	1	0	0									
IN_5	2.0	1	0	1									
IN_6	1.5	1	1	0									
IN_7	1.0	1	1	1									

注意：认清集成块的定位标记，不得插反。ADC0809 是分辨率为 8 位的逐次逼近型 A/D 转换器，使用时注意转换速率、输入电压等指标。

3. 用状态机实现 A/D 转换器 ADC0809 的采样控制电路

该实验是利用 FPGA 控制 ADC0809 的时序，进行 A/D 转换，然后将 ADC0809 转换后的数据以十六进制的数据显示出来。

ADC0809 的工作时序如图 3.56 所示。

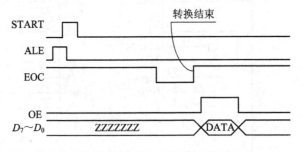

图 3.56 ADC0809 的工作时序

ADC0809 的主要控制信号说明如下：START 是启动信号输入端，高电平有效；ALE

是 3 位通道选择地址（ADDC、ADDB、ADDA）信号的锁存信号，当模拟量送至某一输入端（如 IN$_1$ 或 IN$_2$ 等）时，由 3 位地址信号选择，而地址信号由 ALE 锁存；EOC 是转换结束信号输出端，当启动转换约 100 μs 时，EOC 产生一个负脉冲，以示转换结束；在 EOC 的上升沿后，若使输出使能信号 OE 为高电平，则控制打开三态缓冲器，把转换好的 8 位数据结果输入至数据总线。至此 ADC0809 的一次转换结束了。

实验步骤如下：

（1）编写 ADC0809 时序的 Verilog HDL 代码，并对其进行编译仿真。

（2）在时序确定无误后，选择芯片。

（3）给芯片进行引脚锁定，再次进行编译。

（4）根据自己锁定的引脚，在实验箱上对 ADC0809、显示七段码和 FPGA 之间进行正确连线。

（5）对选定的通道输入一个模拟量，给目标板下载代码，调节电位器改变输入的模拟量，观看实验结果。

（6）根据以上的实验内容写出实验报告，包括程序设计、软件编译、仿真分析、硬件测试。

Verilog HDL 的参考代码如下：

```verilog
module ADCINT_v(D,CLK,EOC,ALE,START,OE,ADDA,LOCK0,Q);
    input[7:0]D;
    input CLK;
    input EOC;
    output reg ALE;
    output reg START;
    output reg OE;
    output ADDA;
    output LOCK0;
    output[7:0] Q;
    parameter st0=3'b000,
              st1=3'b001,
              st2=3'b010,
              st3=3'b011,
              st4=3'b100;
    reg[2:0] current_state,next_state;
    reg[7:0] REGL;
    reg LOCK;
    assign ADDA=1'b1;
    assign Q=REGL,LOCK0=LOCK;
    always @(current_state,EOC)
     begin:COM
     case(current_state)
```

```verilog
st0:
    begin
        ALE<=1'b0;START<=1'b0;LOCK<=1'b0;OE<=1'b0;
            next_start<=st1;
    end
st1:
    begin
        ALE<=1'b1;START<=1'b1;LOCK<=1'b0;OE<=1'b0;
            next_start<=st2;
    end
st2:
    begin
        ALE<=1'b0;START<=1'b0;LOCK<=1'b0;OE<=1'b0;
            if(EOC==1)next_state<=st3;
            else next_start<=st2;
    end
st3:
    begin
        ALE<=1'b0;START<=1'b0;LOCK<=1'b0;OE<=1'b1;
            next_start<=st4;
    end
st4:
    begin
        ALE<=1'b0;START<=1'b0;LOCK<=1'b1;OE<=1'b1;
            next_start<=st0;
    end
    default:
        next_start<=st0;
    endcase
end
always @(posedge CLK)
    begin:REG
    current_state<=next_state;
    end
always @(posedge LOCK)
    begin:LATCH1
    REGL<=D;
    end
endmodule
```

七、思考题

若不采用集成电路芯片 ADC0809，可否采用比较器和 D/A 器件实现 A/D 转换功能？

八、实验报告要求

（1）写明实验目的。

（2）整理数据，分析实验结果。

（3）总结由本实验所获得的体会。

九、知识拓展

设计一个简易存储示波器，即在本实验的基础上增加存储器，用于存储 A/D 转换后的数据。

第4章　高频电子技术基础实验

本章为高频电子技术基础实验。高频电子技术是电子信息类专业的主干技术基础课程，是通信系统，特别是无线通信系统的基础，主要研究无线通信设备各单元电路的组成、基本原理与电路设计，是一门实践性很强的课程。实验内容主要包括高频电子技术实验基础、小信号谐振放大器、LC 振荡器、晶体三极管混频器、集成乘法器幅度调制电路、振幅解调器、高频谐振功率放大器等，这些都是通信与信息系统中重要的组成部分和理论基础。实验教学是该课程的重要组成部分，是理论联系实际，学好、学会高频电子技术的十分重要的环节。

4.1　高频电子技术实验基础

一、高频电子技术实验简介

高频电子技术实验教学的目的是通过实验，使学生掌握通信系统，特别是无线通信系统各单元电路的组成、基本原理与电路设计的基本知识和技能，提高分析解决问题的能力和实际工作能力。

随着电子技术发展呈现出系统集成化、设计自动化、用户专用化和测试智能化的趋势，为了适应电子信息时代的要求，除了完成常规的硬件实验外，电子技术实验教学中还引入了电子电路计算机辅助分析与设计的内容，其中包括若干仿真实验和通过计算机来完成的系统设计。

高频电子技术实验的任务与目的是：

（1）根据给定的实验题目、内容和要求，拟定和调整实验方案；根据给定的实验选择测试仪器，拟定实验步骤，完成规定的电路性能指标的测试任务；弄清电路的工作原理，验证电子元器件和基本单元电路参数及特性，研究电路中电子元器件对电路性能的影响；完成实践—认识—再实践—再认识的过程，把别人总结的知识变成自己掌握的知识。

（2）根据给定的实验题目、内容和要求，自行设计实验电路，选择合适的电子元器件来组装实验电路，拟定出调整测试方案，最后达到设计要求。通过实验过程，达到培养学生综合运用所学知识解决实际问题的独立工作能力。

为了顺利地进行高频电子技术实验，先简单介绍有关高频电子技术基础实验所涉及的知识。

二、无线电信号的传播

1. 无线电的传播特性

无线电的传播特性指的是无线电信号的传播方式、传播距离、传播特点等。无线电信号的传播特性依其所处的波段而不同。

电磁波从发射机天线辐射后，不仅能量会扩散，而且在传播过程中，电波的能量会被地面、建筑物或高空的电离层吸收或反射；或在大气层中产生折射或散射，从而强度大大衰减，接收机只能收到其中极小的一部分。

根据无线电波在传播过程中所发生的现象，电波的传播方式有直射（视距）、绕射（地波）、反射（天波）和折射。这些因素都直接影响到天线信号的接收，而决定传播方式和传播特点的关键因素是无线电信号的波长。

2．无线电波波段划分

无线电信号都具有一定的频率和波长。电磁波辐射的频谱很宽，在自由空间中，波长与频率存在以下关系：

$$f \cdot \lambda = c$$

其中 c 为光速。

无线电波波段的划分如表 4.1 所示。

表 4.1　无线电波波段的划分

波段名称		波长范围	频率范围	频段名称	主要传播方式和用途
长波（LW）		$10^3 \sim 10^4$ m	30～300 kHz	低频（LF）	地波；远距离通信
中波（MW）		$10^2 \sim 10^3$ m	300 kHz～3 MHz	中频（MF）	天波、地波；广播、通信、导航
短波（SW）		10～100 m	3～30 MHz	高频（HF）	天波、地波；广播、通信
超短波（VSW）		1～10 m	30～300 MHz	甚高频（VHF）	直线传播、对流层散射；通信、电视广播、调频广播、雷达
微波	分米波（USW）	10～100 cm	30 MHz～3 GHz	特高频（UHF）	直线传播、散射传播；通信、中继与卫星通信、雷达、电视广播
	厘米波（SSW）	1～10 cm	3～30 GHz	超高频（SHF）	直线传播；中继与卫星通信、雷达
	毫米波（ESW）	1～10 mm	30～300 GHz	极高频（EHF）	直线传播；微波通信、雷达

不同频段的无线电信号具有不同的特点，须采用不同的分析和实现方法。对于米波以上（含米波，$\lambda \geqslant 1$ m）的信号，通常用集总（中）参数来分析与实现；对于米波以下（$\lambda < 1$ m）的信号，应用分布参数的方法来分析与实现，一般应用电磁场的方法来分析与实现。高频电子技术实验主要研究的是米波以上（含米波，$\lambda \geqslant 1$ m）的信号，所以用集总（中）参数来分析与实现。

三、无线通信系统

1．无线通信系统的组成

无线电通信（或称无线通信）的类型很多，可以根据传输方法、频率范围、用途等分类。

不同的无线通信系统，其设备组成和复杂程度虽然有较大差异，但它们的基本组成相似。从工作模式和电路组成来看，无线通信系统可分为单工、半双工和双工无线通信。一般情况下，无线电广播系统为单工系统，现代移动通信系统为双工无线通信系统。半双工无线通信系统的基本组成如图4.1所示。

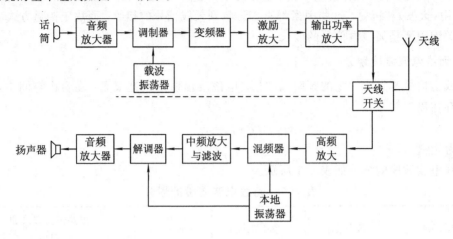

图 4.1　半双工无线通信系统的基本组成

图 4.1 中，虚线以上部分为发送设备（发信机）；虚线以下部分为接收设备（收信机）。天线为收/发共用设备，由天线开关切换，分别进行信息发射和信息接收。信道为自由空间。话筒和扬声器属于通信的终端设备，分别为信源和信宿。

接收用的超外差接收机的主要特点是，由频率固定的中频放大器来完成对接收信号的选择和放大，它是无线电接收系统的重要组成部分。当信号频率改变时，相应地改变本地振荡信号频率即可。

2. 通信系统的类型

通信系统有各种类型，主要类型如下：

（1）按照收发机工作频段，有中波通信、短波通信、超短波通信、微波通信和卫星通信等。所谓工作频率，主要指发射与接收的射频（RF）频率。我们常说的高频，实际上就是射频的组成部分，无线通信的发展就是开辟更高的频段。

（2）按电信号传输手段，有无线通信、有线通信和光通信等。

（3）按通信系统的工作方式，有（全）双工、半双工和单工方式。

（4）按信号调制方式，有调幅、调频、调相和混合调制等。

（5）按传送信号类型，有模拟通信和数字通信，也可以分为语音通信、图像通信、数据通信和多媒体通信等。

3. 高频电子技术基础实验的基本内容

由无线通信系统的基本组成可看出，高频电子线路（也称高频电路）研究的基本内容包括：

（1）高频振荡器；

（2）高频小信号放大器；

（3）混频或变频器；

（4）调制与解调器；

（5）高频功率放大器；

（6）各种反馈系统；

（7）频率合成系统。

天线、选频网络和噪声也是高频电路研究的基本内容。

不同类型的通信系统，其系统组成和设备的复杂程度有很大不同，但是组成系统的基本电路及其原理是相似的，都遵从同样的规律。

4.2 小信号谐振放大器

一、实验目的

（1）通过实验进一步熟悉小信号谐振放大器的基本工作原理。

（2）会对谐振放大器各项技术指标进行测试（电压放大倍数、通频带等）。

（3）熟悉负载对谐振回路的影响，从而了解频带扩展。

（4）掌握小信号谐振放大器的设计方法。

（5）掌握主要的高频仪器的使用方法。

（6）初步掌握小信号谐振放大器的设计与调试方法。

二、预习要求

（1）学习有关内容，复习谐振回路的工作原理。

（2）了解谐振放大器的电压增益、通频带及选择性相互之间的关系。

（3）实验电路中，若电感量 $L=2\ \mu\mathrm{H}$，回路总电容 $C=220\ \mathrm{pF}$（分布电容包括在内），计算回路中心频率 f_0。

三、实验原理

1. 实验原理

小信号谐振放大器是通信接收机的前端电路，主要用于高频小信号或微弱信号的线性放大和选频。它的主要特点是晶体管集电极负载不是纯电阻而是由 LC 组成的并联谐振回路，当谐振回路的自由振荡频率与放大器输入的频率相同时，放大器处于谐振工作状态，此时所具有的频率为谐振频率，记为 f_0，且有

$$f_0 = \frac{1}{2\pi\sqrt{LC}}$$

此时谐振回路呈纯电阻性，放大器具有最高的增益。若信号频率高于或低于 f_0，则放大器均失谐，增益下降。从电路形式上看，谐振放大器分为单调谐放大器、双调谐放大器及参差调谐放大器。单调谐放大器选择性不太好，但电路简单，调整方便。我们的实验电路就是一个简单的单调谐放大器。对放大器的要求是电压增益高，频率特性满足通频带及选择

性的要求，电路工作稳定可靠。

2. 实验电路说明

本实验的原理电路如图4.2所示。该电路由晶体三极管1Q01、偏置电路及谐振网络等组成，电路中1C01为输入耦合电容，1R1、1R2为基极偏置电阻，1W01用以改变基极偏置电压，以观察放大器静态工作点变化对谐振回路（包括电压增益、带宽、Q值）的影响。1C03为发射极旁路电容，1R4为射极偏置电阻。谐振回路由1T01和电容1C2、1C04等组成。1C2为可变电容，改变1C2的数值可以改变回路的谐振频率。1R3是集电极（交流）电阻，它决定了回路Q值、带宽。该电路的集电极电压通过变压器输出，1C06是下级耦合电容。1L01、1C02、1C08组成Ⅱ型低通滤波器，作为电源高频滤波元件。1Q02为射极跟随器，主要用于提高带负载能力。1K01为电源开关，1K02用以改变集电极电阻，以观察集电极负载变化对谐振回路（包括电压增益、带宽、Q值）的影响。

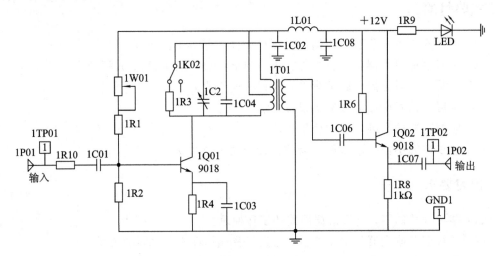

图4.2　单调谐回路谐振放大器

四、实验仪器

本次实验需要的实验仪器如表4.2所示。

表 4.2　实 验 仪 器

序号	仪 器 名 称	功 能 作 用	数 量
1	双踪示波器	观测输入/输出波形及电压	1
2	高频信号源	提供输入信号	1
3	数字万用表	测量静态工作点电压	1
4	频谱仪	测量幅频特性	1
5	单调频回路谐振放大器模块	搭建电路	1

五、实验内容

（1）测量晶体管各点（对地）电压 U_B、U_E、U_C，并计算放大器静态工作点。

（2）测量单调谐放大器的幅频特性。

（3）观察静态工作点对单调谐放大器幅频特性的影响。

（4）观察集电极负载对单调谐放大器幅频特性的影响。

六、实验步骤

1. 实验准备

（1）插装好单调谐回路谐振放大器模块，接通实验箱上的电源开关，按下模块上的开关 1K01。

（2）接通电源，此时电源指示灯亮。

2. 静态测量

（1）电路连接。实验电路中，将开关 1K02 置"ON"位，即接入集电极电阻 1R3，在不加输入信号（即 $U_{IN}=0$）时，用万用表直流电压挡（20 V 挡）测量三极管 1Q01 发射极的电压和基极电压，计算并填入表 4.3。

表 4.3　三极管静态工作点

实　　测		实测计算		根据 U_{CE} 判断 1Q01 是否工作在放大区		原　　因
U_B	U_E	I_C	U_{CE}	是	否	

注意：U_B、U_E 是三极管的基极和发射极对地电压。

（2）方法提示。

① 本实验中电路供电电源为 +12 V，由实验箱直流电源部分提供。

② 判断晶体管是否工作在放大区，要根据晶体管的 U_{CE} 电压来判断：

饱和区：U_{CE} 很小，$U_{CE} \approx (0.2 \sim 0.3)$ V。

截止区：$I_C = 0$，$U_{CE} = U_{CC}$。

放大区：$I_C = \beta I_B$，$U_{CE} = U_{CC} - I_C R_C - I_E R_E$。

3. 单调谐回路谐振放大器幅频特性测量

测量幅频特性通常有两种方法，即扫频法和点测法。扫频法简单直观，可直接观察到单调谐放大特性曲线，但需要扫频仪或频谱分析仪。点测法采用示波器进行测试，即保持输入信号幅度不变，改变输入信号的频率，测出与频率相对应的单调谐回路谐振放大器的输出电压幅度，然后画出频率与幅度的关系曲线，该曲线即单调谐回路谐振放大器的幅频特性。

（1）扫频法，即用扫频仪或频谱分析仪直接测量放大器的幅频特性曲线。用扫频仪或频谱分析仪测出的单调谐放大器幅频特性曲线如图4.3所示。

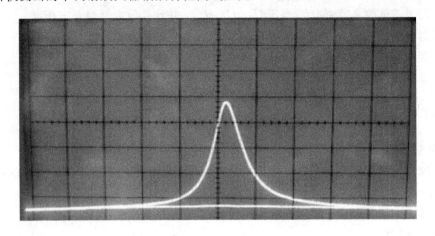

图4.3　单调谐放大器幅频特性曲线

（2）点测法。

① 1K02置"OFF"位，即断开集电极电阻1R3，调整1W01使1Q 01的基极直流电压为2.5 V左右，这样放大器将工作于放大状态。高频信号源输出连接到单调谐放大器的输入端（1P01）。示波器CH1接放大器的输入端1TP01，示波器CH2接单调谐放大器的输出端1TP02，调整高频信号源频率为6.3 MHz，高频信号源输出幅度（峰峰值）为200 mV（示波器CH1监测）。调整单调谐放大器的电容1C2，使放大器的输出为最大值（示波器CH2监测）。此时，回路谐振于6.3 MHz。比较此时输入、输出幅度大小，并计算放大倍数。

② 按照表4.4改变高频信号源的频率，保持高频信号源输出幅度为200 mV（示波器CH1监视），从示波器CH2上读出与频率相对应的单调谐放大器的电压幅值，并把数据填入表4.4。

表4.4　单调谐放大器的幅频特性测试数据

输入信号 频率 f/MHz	5.4	5.5	5.6	5.7	5.8	5.9	6.0	6.1	6.2	6.3	6.4	6.5	6.6	6.7	6.8	6.9	7.0	7.1
输出电压 幅值 U/mV																		

③ 以横轴为频率，纵轴为电压幅值，按照表4.4，画出单调谐放大器的幅频特性曲线。

注意：实验中，改变高频信号源的频率时，一定要保持高频信号源输出幅度不变。

④ 计算 $f_0 = 6.3$ MHz时的电压放大倍数 A_{uo} 及回路的通频带 $BW_{0.7}$、放大器的选择性 $K_{r0.1}$ 和回路的 Q 值。以下是相应的定义和公式：

电压放大倍数为

$$A_{uo} = \frac{U_{\text{opp}}}{U_{\text{ipp}}}$$

通频带 $\text{BW}_{0.7}$、谐振频率 f_0 和 Q 值之间的关系为

$$\text{BW}_{0.7} = \frac{f_0}{Q}$$

放大器的选择性 $K_{r0.1}$（矩形系数）的定义为

$$K_{r0.1} = \frac{\text{BW}_{0.1}}{\text{BW}_{0.7}} = \frac{2\Delta f_{0.1}}{2\Delta f_{0.7}}$$

（3）方法提示。

① 实验中，调整单调谐放大器的电容 1C2 时，应使用无感起子调节。

② 判断放大器的输出为最大值的方法是示波器电压波形幅度最大（即调好后，1C2 不论向左或向右旋转，波形幅度都减小）。

4. 观察静态工作点对单调谐放大器幅频特性的影响

（1）顺时针调整 1W01（此时 1W01 阻值增大），使 1Q01 基极直流电压为 1.5 V，从而改变静态工作点。按照上述幅频特性的测量方法，测出幅频特性曲线。逆时针调整 1W01（此时 1W01 阻值减小），使 1Q01 基极直流电压为 5 V，重新测出幅频特性曲线。

（2）方法提示。当 1W01 加大时，由于 I_{CQ} 减小，幅频特性幅值会减小，同时曲线变"瘦"（带宽减小）；而当 1W01 减小时，由于 I_{CQ} 加大，幅频特性幅值会加大，同时曲线变"胖"（带宽加大）。

5. 观察集电极负载对单调谐放大器幅频特性的影响

（1）当放大器工作于放大状态时，按照上述幅频特性的测量方法测出接通与不接通 1R3 时的幅频特性曲线。

（2）方法提示。当不接通 1R3 时，集电极负载增大，幅频特性幅值加大，曲线变"瘦"，Q 值增高，带宽减小；而当接通 1R3 时，幅频特性幅值减小，曲线变"胖"，Q 值降低，带宽加大。

七、拓展实验

在前面的实验中，电路采用的是单调谐放大器，虽有电路简单、调整方便的优点，但其选择性不太好，我们可以采用双调谐回路放大器来进行改善。双调谐回路是指有两个调谐回路：一个靠近"信源"端（如晶体管输出端），称为初级；另一个靠近"负载"端（如下级输入端），称为次级。两者之间，可采用互感耦合或电容耦合。与单调谐回路相比，双调谐回路的矩形系数较小，即它的谐振曲线更接近于矩形。因此，双调谐回路放大器具有频带宽、选择性好的优点。

图 4.4 为电容耦合双调谐回路谐振放大器原理图。

与单调谐放大器相比，两者都采用了分压偏置电路，放大器均工作于甲类，但图 4.4 中有两个谐振回路，即 L_1、C_1 组成了初级回路，L_2、C_2 组成了次级回路；两者之间并无互感耦合（必要时，可分别对 L_1、L_2 加以屏蔽），而是由电容 C_3 进行耦合，故称为电容耦合。

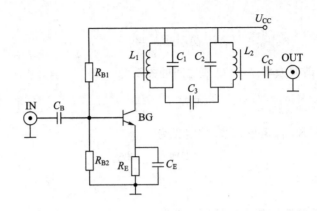

图 4.4　电容耦合双调谐回路谐振放大器原理图

1. 双调谐回路谐振放大器幅频特性测量

按照单调谐回路谐振放大器幅频特性测量的方法,结合双调谐回路谐振放大器实验模块,自行设计实验步骤,测试双调谐放大器的幅频特性曲线。

方法提示:本实验可采用点测法或者扫频法进行。

2. 参差调谐放大器的设计

1)设计任务

设计一双参差调谐放大器。

2)设计要求

(1)将实验图 4.2 的单调谐回路放大器作为参差调谐放大器的第一级。

(2)参考图 4.2,进行第二级放大器的设计。参考第一级来确定第二级的中心频率,要求画出实际电路图,计算出各元器件参数值,并确定元器件型号。

(3)在实验专用开发板上完成第二级放大器的焊接与调试。

(4)将两级级联组成一双参差调谐放大器,用频谱仪完成两级的通调,要求获得较为理想的幅频特性曲线。

(5)自拟设计报告内容。

(6)写出心得体会。

八、思考题

(1)小信号谐振放大器的放大倍数与静态电流有何关系?为什么?

(2)单调谐回路接不同回路电阻时的幅频特性、通频带和放大倍数有何不同?分析原因。

(3)放大器的动态范围是多少?讨论 I_{C} 对动态范围的影响。

九、实验报告要求

(1)写明实验目的。

(2)写明实验所用仪器、设备及名称、型号。

(3)画出实验电路的直流通路,计算放大器直流工作点,并与实测结果作比较。

（4）对实验数据进行分析，说明静态工作点变化对单调谐放大器幅频特性的影响，并画出相应的幅频特性曲线。

（5）对实验数据进行分析，说明集电极负载变化对单调谐放大器幅频特性的影响，并画出相应的幅频特性曲线。

（6）总结由本实验所获得的体会。

4.3　LC振荡器

一、实验目的

（1）掌握 LC 三点式振荡电路的基本原理，熟悉其各元件功能。

（2）掌握振荡回路 Q 值对频率稳定度的影响。

（3）熟悉振荡器反馈系数不同时，静态工作电流 I_{EQ} 对振荡器起振及振幅的影响。

（4）熟悉负载变化对振荡器振荡幅度的影响。

（5）初步掌握正弦波振荡器的设计与调试方法。

二、预习要求

（1）学习有关内容，复习 LC 振荡器的工作原理。

（2）了解 LC 电容反馈式三点振荡电路设计及电路参数计算。

三、实验原理

1. 实验原理

正弦波是电子技术、通信和电子测量等领域中应用最广泛的波形之一。能够产生正弦波的电路称为正弦波振荡器。正弦波振荡器在电子技术领域中有着广泛的应用。在信息传输系统的各种发射机中，就是把主振器（振荡器）所产生的载波，经过放大、调制而将信息发射出去。在超外差式的各种接收机中，是由振荡器产生一个本地振荡信号，送入混频器，才能将高频信号变成中频信号。

正弦波振荡器的种类很多，本实验研究电容三点式 LC 振荡器。

LC 振荡器实质上是满足振荡条件的正反馈放大器。LC 振荡器指振荡回路是由 LC 元件组成的。由交流等效电路可知：由 LC 振荡回路引出三个端子，分别接振荡管的三个电极，构成反馈式自激振荡器，因而又称为三点式振荡器。如果反馈电压取自分压电感，则称为电感反馈 LC 振荡器或电感三点式振荡器；如果反馈电压取自分压电容，则称为电容反馈 LC 振荡器或电容三点式振荡器。

在几种基本高频振荡回路中，电容反馈 LC 振荡器具有较好的振荡波形和稳定度，电路形式简单，适于在较高的频段工作，尤其是以晶体管极间分布电容构成反馈支路时，其振荡频率可达几百 MHz～GHz。

1）LC振荡器的起振条件

一个振荡器能否起振，主要取决于振荡电路自激振荡的两个基本条件，即振幅起振平衡条件和相位平衡条件。

2）LC振荡器的频率稳定度

频率稳定度是指在一定时间或一定温度、电压等变化范围内振荡频率的相对变化程度，常用表达式 $\Delta f_0/f_0$ 来表示（f_0 为所选择的测试频率；Δf_0 为振荡频率的频率误差，$\Delta f_0 = f_2 - f_1$；f_2 和 f_1 为不同时刻的 f_0）。频率相对变化量越小，表明振荡频率的稳定度越高。由于振荡回路的元件是决定频率的主要因素，所以要提高频率稳定度，就要设法提高振荡回路的标准，除了采用高稳定和高 Q 值的回路电容和电感外，其振荡管可以采用部分接入，以减小晶体管极间电容和分布电容对振荡回路的影响，还可采用负温度系数元件实现温度补偿。

3）LC振荡器的调整和参数选择

本实验以改进型电容三点式振荡电路（西勒电路）为例，其交流等效电路如图 4.5 所示。

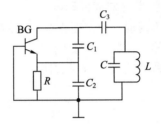

图 4.5 电容三点式 LC 振荡器交流等效电路

由图可知，该电路 C_2 上的电压为反馈电压，即该电压加在三极管 BE 之间。由于该电压形成正反馈，故符合振荡器的相位平衡条件。

（1）静态工作点的调整。合理选择振荡管的静态工作点，对振荡器工作的稳定性及波形的好坏有一定的影响，偏置电路一般采用分压式电路。

当振荡器稳定工作时，振荡管工作在非线性状态，通常依靠晶体管本身的非线性实现稳幅。若选择晶体管进入饱和区来实现稳幅，则将使振荡回路的等效 Q 值降低，输出波形变差，频率稳定度降低。因此，一般在小功率振荡器中总是使静态工作点远离饱和区，靠近截止区。

（2）振荡频率 f 的计算：

$$f = \frac{1}{2\pi \sqrt{L(C + C_\mathrm{T})}}$$

式中，C_T 为 C_1、C_2 和 C_3 的串联值，因 C_1（300 pF）$\gg C_3$（75 pF），C_2（1000 pF）$\gg C_3$（75 pF），故 $C_\mathrm{T} \approx C_3$，所以，振荡频率主要由 L、C 和 C_3 决定。

（3）反馈系数 F 的选择：

$$F = \frac{C_1}{C_2}$$

反馈系数 F 不宜过大或过小，一般经验数据 $F \approx 0.1 \sim 0.5$，本实验取 $F = \dfrac{300}{1000} = 0.3$。

2. 实验电路说明

本实验的原理电路如图 4.6 所示。图中，左侧部分为 LC 振荡器，右侧部分为射极跟随器。三极管 3Q01 为 LC 振荡器的振荡管，3R01、3R02 和 3R04 为三极管 3Q01 的直流偏置电阻，以保证振荡管 3Q01 正常工作。图中开关 3K05 打到"S"位置时，为改进型克拉泼振荡电路，打到"P"位置时，为改进型西勒振荡电路。3K01、3K02、3K03、3K04 控制回路电容的变化，也即控制着振荡频率的变化。调整电位器 3W01 可改变振荡器三极管 3Q01的电源电压。3Q02 为射极跟随器，主要用于提高带负载能力。电位器 3W02 用来调整振荡器输出幅度。

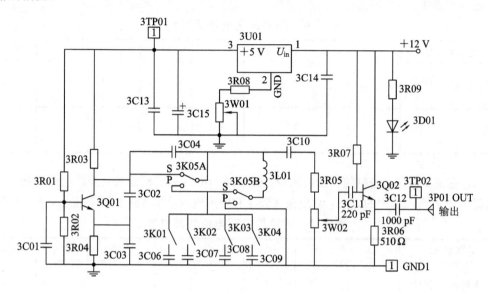

图 4.6　电容三点式 LC 振荡器原理电路

四、实验仪器

本次实验需要的实验仪器如表 4.5 所示。

表 4.5　实 验 仪 器

序号	仪 器 名 称	功 能 作 用	数　　量
1	双踪示波器	观测输入/输出波形及电压	1
2	数字万用表	测量静态工作点电压	1
3	电容三点式 LC 振荡器模块	搭建电路	1

五、实验内容

(1) 观察振荡器输出波形，测量振荡器输出电压(峰峰值 U_{pp})，并测量振荡频率。

(2) 测量振荡器的幅频特性。

(3) 测量电源电压变化对振荡器频率的影响。

六、实验步骤

1. 实验准备

(1) 插装好 LC 振荡器实验模块，接通实验箱上的电源开关，按下模块上的开关 3K1。

(2) 接通电源，此时电源指示灯亮。

2. 观察振荡器输出波形，测量振荡器输出电压、振荡频率

（1）西勒振荡电路幅频特性的测量。实验电路中，将开关 3K05 拨至"P"位置，振荡电路转换为西勒电路。示波器接输出端 3TP02，电位器 3W02 逆时针调到底，使输出最大。按照表 4.6 电容的变化测出与电容相对应的振荡频率和输出电压（峰峰值 U_{pp}），并将测量结果记录于表中。

表 4.6　西勒振荡电路幅频特性

电容 C/pF	10	50	100	150	200	250	300	350
振荡频率 f/MHz								
输出电压 U_{pp}/V								

（2）克拉泼振荡电路幅频特性的测量。将开关 3K05 拨至"S"位置，振荡电路转换为克拉泼电路。按照上述（1）中的方法，测出振荡频率和输出电压，并将测量结果记录于表4.7 中。

表 4.7　克拉泼振荡电路幅频特性

电容 C/pF	10	50	100	150	200	250	300	350
振荡频率 f/MHz								
输出电压 U_{pp}/V								

注意：如果在开关 3K05 转换过程中振荡器停振无输出，可调整 3W01，使之恢复振荡。

（3）方法提示。

① 实验电路中，3K01、3K02、3K03、3K04 分别控制 3C06（10 pF）、3C07（50 pF）、3C08（100 pF）、3C09（200 pF）是否接入电路，开关往上拨为接通，往下拨为断开。四个开关接通的不同组合，可以控制电容的变化。

② 电位器 3W02 用来调整振荡器的输出幅度，测量时电位器 3W02 应逆时针调到底，使输出最大。

3. 测量电源电压变化对振荡器频率的影响

（1）分别将开关 3K05 拨至"S"和"P"位置，改变电源电压 E_C，测出不同 E_C 下的振荡频率，并将测量结果记录于表 4.8 中。

（2）方法提示。

① 实验中，示波器接振荡器输出端 3TP02，将电位器 3W02 逆时针调到底，选定回路电容为 50 pF，即将 3K02 往上拨。

② 用万用表直流电压挡测 3TP01 点电压，按照表 4.6 给出的电压值 E_C，调整电位器 3W01，分别测出与电压相对应的频率。表中 Δf 为改变 E_C 时振荡频率的偏移，假定 $E_C = 10.5$ V 时 ，$\Delta f = 0$，则 $\Delta f = f - f_{10.5\text{ V}}$。

表 4.8　测量不同电源电压 E_c 对应的振荡频率

	E_c/V	10.5	9.5	8.5	7.5	6.5	5.5
串联(S)	f/MHz						
	Δf/kHz						
并联(P)	E_c/V	10.5	9.5	8.5	7.5	6.5	5.5
	f/MHz						
	Δf/kHz						

七、拓展实验

LC 振荡器的频率稳定度主要取决于振荡回路的标准型和品质因数(Q 值),在采取了稳频措施后,频率稳定度一般只能达到 10^{-4} 数量级。为了得到更高的频率稳定度,人们发明了一种采用石英晶体做的振荡器(又称石英晶体振荡器),它的频率稳定度可达到 $10^{-7} \sim 10^{-8}$ 数量级。石英晶体振荡器之所以具有极高的频率稳定度,关键是采用了石英晶体这种具有高 Q 值的谐振元件。

图 4.7 是一种晶体振荡器的交流等效电路图。这种电路类似于电容三点式振荡器,区别仅在于两个分压电容的抽头是经过石英谐振器接到晶体管发射极的,由此构成正反馈通路。C_3 与 C_4 并联,再与 C_2 串联,然后与 L_1 组成并联谐振回路,调谐在振荡频率。当振荡频率等于石英谐振器的串联谐振频率时,晶体呈现纯电阻,阻抗最小,正反馈最强,相移为零,满足相位条件。因此,振荡器的频率稳定度主要由石英谐振器来决定。在其他频率下,不能满足振荡条件。

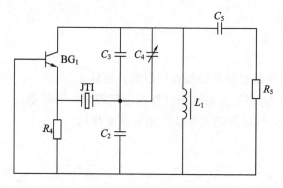

图 4.7　晶体振荡器的交流等效电路

1. 晶体振荡器实验

结合晶体振荡器模块,自行设计实验步骤,观察晶体振荡器的波形,然后用示波器测量其输出端频率,看是否与晶体频率一致。

2. 8.8 MHz 频率的调整

(1) 在用各个模块构成无线收、发系统时,需要用到 LC 振荡器模块,作为接收系统中的本振信号。此时，振荡频率需要 8.8 MHz 左右，试用 LC 振荡器模块调出 8.8 MHz 左右的本振频率。

（2）方法提示。

① 振荡电路为西勒电路时（3K05 打至"P"位置），3K01、3K02、3K03、3K04 四个开关全部往下拨，此时输出的振荡频率为 8.8 MHz 左右。如果频率高于 8.8 MHz，可将 3K01 往上拨，这样频率可以降低。如果频率有误差，可调整电位器 3W01。

② 振荡电路为克拉泼电路时（3K05 打至"S"位置），3K02、3K04 接通（往上拨），此时输出的振荡频率为 8.8 MHz 左右。如果频率相差太大，可调整四个开关的位置。

3. 三点式正弦波振荡器的设计

1）设计任务

设计一个改进型的电容三点式振荡器。

2）设计要求

（1）技术指标要求：

① 振荡频率为

$$f_0 = 10 \text{ MHz} \pm 10 \text{ kHz}$$

② 频率稳定度为

$$\frac{\Delta f_0}{f_0} \leqslant 10^{-4}$$

③ 输出幅度为

$$U_{\text{pp}} \geqslant 0.3 \text{ V}$$

（2）建议采用西勒振荡电路，使用共射极接法（射极偏置电阻上加旁路电容）。要求画出实际电路图，计算出各元器件参数值，并确定元器件型号。

（3）在实验专用开发板上完成振荡器的焊接与调试。

（4）自拟设计报告内容。

（5）写出心得体会。

八、思考题

（1）反馈系数对振荡器起振及振幅有何影响？为什么？

（2）静态工作电流 I_{EQ} 对振荡器起振及振幅有何影响？分析原因。

（3）在起振过程中，振荡器的工作状态是如何变化的？

九、实验报告要求

（1）写明实验目的。

（2）写明实验所用仪器、设备及名称、型号。

（3）根据测试数据，分别绘制西勒振荡器、克拉泼振荡器的幅频特性曲线，并进行分析比较。

（4）根据测试数据，计算频率稳定度，并分别绘制克拉泼振荡器、西勒振荡器的 $\frac{\Delta f_0}{f_0} - E_\text{C}$ 曲线。

(5) 对实验中出现的问题进行分析判断。

(6) 总结由本实验所获得的体会。

4.4 晶体三极管混频器

一、实验目的

(1) 熟悉晶体管混频电路的基本工作原理。

(2) 了解混频电路的多种类型及构成。

(3) 了解混频器的寄生干扰。

(4) 研究实验中频率的变换，学会分析实验现象。

二、预习要求

(1) 学习有关内容，复习晶体管混频电路的工作原理。

(2) 阅读本节内容，对实验电路的工作原理进行分析。

(3) 分析在多个高频信号共存的电路中，扼流圈所起的作用。

三、实验原理

1. 实验原理

在通信技术中，经常需要将信号自某一频率变换为另一频率，一般用得较多的是把一个已调的高频信号变成另一个较低频率的同类已调信号，完成这种频率变换的电路称为混频器。

混频器的功能是将载波为高频 f_s 的已调波信号不失真地变换为另一载频 f_i（固定中频）的已调波信号，而保持原调制规律不变。例如，在调幅广播接收机中，混频器将中心频率为 535～1605 kHz 的已调波信号变为中心频率为 465 kHz 的中频已调波信号。此外，混频器还广泛用于需要进行频率变换的电子系统及仪器中，如频率合成器、外差频率计等。

混频器的电路模型如图 4.8 所示。本地振荡器（简称本振）用于产生一个等幅的高频信号 u_L，并与输入信号 u_s 经混频器后所产生的差频信号自带通滤波器滤出。

混频器常用的非线性器件有二极管、三极管、场效应管和乘法器。目前，高质量的通信接收机广泛采用二极管环形混频器和由差分对管平衡调制器构成的混频器，而在一般的接收机（例如广播收音机）中，为了简化电路，还是采用简单的三极管混频器。

本实验采用晶体三极管作混频器的非线性器件。图 4.9 是实验电路的简化形式。本振电压 u_L 从晶体管的发射极输入，信号电压 u_s 从晶体管的基极输入，混频后的中频信号 u_i 由晶体管的集电极输出，即两信号在三极管输入端互相叠加。由于三极管的 i_C-u_{BE} 特性（即转移特性）存在非线性，使两信号相互作用，产生很多新的频率成分，其中就包括有用的中频成分 f_L-f_s 和 f_L+f_s，输出中频回路（带通滤波器）将其选出，从而实现混频。

为了实现混频功能，混频器件必须工作在非线性状态，而作用在混频器上的除了输入信号电压 u_s 和本振电压 u_L 外，不可避免地还存在干扰和噪声。它们之间任意两者都有可能产生组合频率，这些组合频率如果等于或接近中频，将与输入信号一起通过中频放大器、解调器，对输出级产生干扰，影响输入信号的接收。

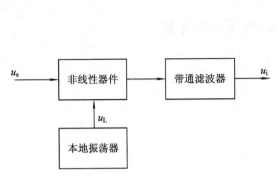

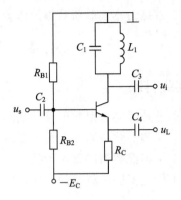

图 4.8　混频器的电路模型　　　　　　　图 4.9　晶体管混频器简化电路

干扰是由于混频不满足线性时变工作条件而形成的，因此不可避免地会产生干扰，其中影响最大的是中频干扰和镜像干扰。

2. 实验电路说明

本实验的原理电路如图 4.10 所示，其简化形式如图 4.9 所示。

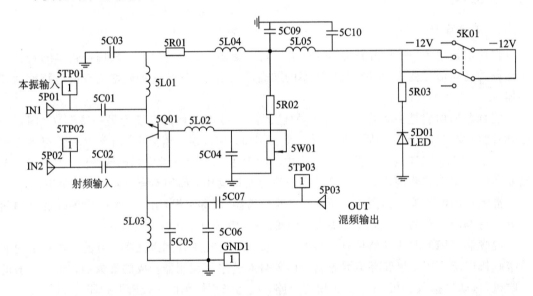

图 4.10　晶体三极管混频器原理电路

图 4.10 中，本振电压 u_L 从 5P01 输入，经电容 5C01 耦合，送往晶体三极管的发射极。射频信号（频率为 6.3 MHz）从 5P02 输入，经电容 5C02 耦合，送往晶体三极管的基极。混频后的中频信号由晶体三极管的集电极输出，集电极的负载由 5L03、5C05 和 5C06 构成谐振回路，该谐振回路调谐在中频 $f_i = f_L - f_s$ 上。本实验的中频信号 $f_i = 2.5$ MHz，由于射频信号频率 $f_s = 6.3$ MHz，所以本振频率为 8.8 MHz，即中频信号 $f_i = f_L - f_s =$ 8.8 MHz−6.3 MHz=2.5 MHz。谐振回路选出的中频信号经电容 5C07 耦合后，由 5P03 输出。电阻 5R01 为射极偏置电阻；电阻 5R02 和电位器 5W01 构成晶体管 5Q01 的基极分压式偏置电阻，用来调整晶体三极管静态工作点。

本实验电路中，扼流圈 5L01 和 5L02 分别对本振信号和射频信号起阻碍作用，减小两个高频信号之间的相互影响，扼流圈 5L04 和 5L05 则阻断了高频信号对直流电源的干扰。另外，本实验电路中 NPN 型的晶体管使用了负电源供电。

注意同样的电路需要正电源供电时电路接法上的改变。

四、实验仪器

本次实验需要的实验仪器如表 4.9 所示。

表 4.9 实 验 仪 器

序号	仪 器 名 称	功 能 作 用	数 量
1	双踪示波器	观测输入/输出波形及电压	1
2	高频信号源	提供输入信号	1
3	晶体三极管混频模块	搭建电路	1
4	电容三点式 LC 振荡器模块	搭建电路	1

五、实验内容

(1) 观察混频器输入、输出波形。

(2) 测量混频器输入、输出频率。

(3) 观察混频器输入波形为调幅波时的输出波形。

六、实验步骤

1. 实验准备

(1) 插装好三极管混频器模块、LC 振荡器实验模块，接通实验箱上的电源开关，按下模块上的开关。

(2) 接通电源，此时电源指示灯亮。

2. 中频频率的观测

(1) 将 LC 振荡器输出频率 8.8 MHz(幅度 U_{pp} 大于 1.5 V)作为本实验的本振信号，输入混频器的一个输入端(5P01)，混频器的另一个输入端(5P02)接高频信号发生器的输出 (6.3 MHz，$U_{pp}=0.4$ V)。用示波器观测 5TP01、5TP02、5TP03，测量其幅度、频率，并计算各频率是否符合 $f_i=f_L-f_s$。当改变高频信号源的频率时，输出中频 5TP03 的波形作何变化，为什么？

注意：实验中，调整谐振回路的电容 5C06 时，应使用无感起子调节。

(2) 方法提示。

① 在实验前，应对谐振回路进行调整，使其谐振在 2.5 MHz。

② 本振信号 8.8 MHz 的调节方法参见 LC 振荡器实验。

3. 射频信号为调幅波时混频的输出波形观测

(1) 将调制信号为 1 kHz、载波频率为 6.3 MHz 的调幅波作为本实验的射频输入，用双踪示波器观察 5TP01、5TP02、5TP03 各点波形，要特别注意 5TP02 和 5TP03 两点波形的包络是否一致。

（2）方法提示。

① 实验中，6.3 MHz 的调幅波由高频信号发生器调出。

② 测量时，双踪示波器同时测量本振-射频、射频-中频，以便比较。

七、拓展实验

1. 集成电路构成的混频器

集成电路混频器主要是利用双平衡模拟乘法器来实现混频的。从理论教材分析中已知，凡是能实现两个高频电压相乘的非线性器件都可以构成混频器。图 4.11 是用 MC1496 集成电路构成的混频器。

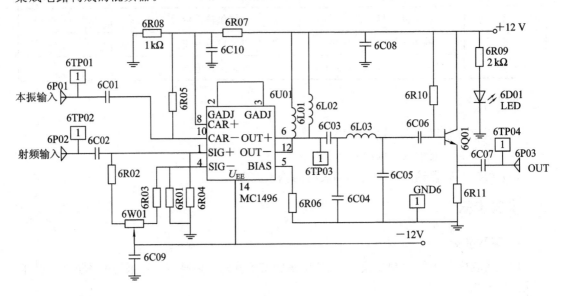

图 4.11　MC1496 集成电路构成的混频器

MC1496 是一种四象限模拟相乘器（通常叫做乘法器）。图 4.11 中，6P01 为本振信号 u_L 输入孔，本振信号经 6C01 从乘法器的一个输入端（10 脚）输入。6P02 为射频信号输入孔，射频信号电压 u_s 从乘法器的另一个输入端（1 脚）输入，混频后的中频（$f_i = f_L - f_s$）信号由乘法器输出端（12 脚）输出。输出端的带通滤波器由 6L06、6C04 和 6C05 组成，带通滤波器必须调谐在中频频率 f_i 上，本实验的中频频率为 2.5 MHz。如果输入的射频信号频率为 $f_s = 6.3$ MHz，则本振频率应为 $f_L = 8.8$ MHz，中频 $f_i = f_L - f_s = 2.5$ MHz。由于中频固定不变，当射频信号频率改变时，本振频率也应跟着改变。因为乘法器（12 脚）输出的频率成分很多，经带通滤波器滤波后，只选出所需要的中频 2.5 MHz，其他频率成分被滤波器滤除掉了。图 4.11 中三极管 6Q01 为射极跟随器，作用是提高本级带负载的能力。带通滤波器选出的中频，经射极跟随器后由 6P04 输出，6TP04 为混频器输出测量点。

2. 晶体管混频器的设计

1）设计任务

设计一个晶体管混频器。已知混频三极管采用 9014，供电直流电压为 -12 V，

6.5 MHz 选频电感回路，输入信号频率 $f_s = 16.455$ MHz，输入信号 f_s 幅度为 250 mV 左右，本振频率 $f_L = 10$ MHz，本振信号幅度为 500 mV 左右。

2）设计要求

（1）技术指标要求：

① 混频电压放大倍数 $A_u = U_i / U_s > 1$；

② 混频输出中频频率 $f_i = 6.455$ MHz；

③ 输出中频电压幅度 > 250 mV。

（2）要求画出实际电路图，计算出各元器件参数值，确定元器件型号。

（3）在实验专用开发板上完成焊接与调试。

（4）自拟设计报告内容。

（5）写出心得体会。

八、思考题

（1）除晶体管外，还有哪些器件可以组成混频器？举例说明。

（2）分析镜像干扰的原因，并讨论预防措施。

九、实验报告要求

（1）写明实验目的。

（2）写明实验所用仪器、设备及名称、型号。

（3）根据观测结果，绘制所需要的波形图并分析。

（4）归纳并总结信号混频的过程。

（5）对实验中出现的问题进行分析判断。

（6）总结由本实验所获得的体会。

4.5　集成乘法器幅度调制电路

一、实验目的

（1）掌握用集成模拟乘法器实现普通调幅和抑制载波双边带调幅的方法与过程，并研究调幅波与两输入信号的关系。

（2）掌握测量调幅系数的方法。

（3）通过实验中波形的变换，分析实验产生的有关现象。

（4）通过实验进一步了解调幅的工作原理。

二、预习要求

（1）预习幅度调制器的有关知识。

（2）认真阅读本节内容，了解实验原理及内容，分析实验电路中用 MC1496 乘法器调制的工作原理，并分析乘法器输入平衡电位器对输出调幅信号的影响。

（3）分析普通调幅及抑制载波调幅信号的特点，并画出其频谱图。

三、实验原理

1. 实验原理

用调制信号去控制高频载波的幅度，使其幅度的变化随调制信号成正比，这一过程称为幅度调制。经过幅度调制后的高频振荡称为幅度调制波。根据频谱结构的不同，幅度调制波可分为普通调幅波（AM）、抑制载波的双边带（DSB）调幅波和抑制载波的单边带（SSB）调幅波。

完成调制过程的装置叫调制器。调制器和解调器必须由非线性元件构成，它们可以是二极管或三极管。近年来集成电路在模拟通信中得到了广泛应用，调制器、解调器都可以用模拟乘法器来实现，本实验采用 MC1496 集成模拟乘法器来实现普通调幅和平衡调幅，即调幅输出普通调幅信号和抑制载波的双边带信号。

1）抑制载波双边带振幅调制信号的产生原理

在乘法器的一个输入端输入载波信号 $u_{cm} = U_{cm} \cos\omega_c t$，另一端输入调制信号 $u_\Omega = U_{\Omega m} \cos\Omega t$，则经乘法器相乘，可得输出抑制载波的双边带调幅信号的表达式为

$$u_o = KU_{cm}U_{\Omega m} \cos\omega_c t \cos\Omega t = \frac{1}{2}KU_{cm}U_{\Omega m}[\cos(\omega_c + \Omega)t + \cos(\omega_c - \Omega)t]$$

式中，K 为常数。

2）普通振幅调制信号的产生原理

在乘法器的一个输入端输入载波信号 $u_c = U_{cm} \cos\omega_c t$，另一端输入调制信号 $u_\Omega = E_C + U_{\Omega m} \cos\Omega t$，上面两式相乘结果为普通振幅调制信号：

$$u_o = KU_{cm}(E_C + U_{\Omega m} \cos\Omega t) \cos\omega_c t$$

$$= KU_{cm}E_C \cos\omega_c t + \frac{1}{2}KU_{cm}U_{\Omega m}[\cos(\omega_c + \Omega)t + \cos(\omega_c - \Omega)t]$$

或
$$u_o = KU_{cm}(E_C + U_{\Omega m} \cos\Omega t)\cos\omega_c t = U_{mo}(1 + m_a \cos\Omega t)\cos\omega_c t$$

其中，$U_{mo} = KU_{cm}E_C$ 为载波幅度，$m_a = \dfrac{U_{\Omega m}}{E_C} < 1$ 为调幅系数。

2. 集成四象限模拟乘法器 MC1496 简介

图 4.12 为 MC1496 芯片引脚及内部电路图，它是一个四象限模拟乘法器的基本电路，电路由两组差分对 $V_1 \sim V_4$ 组成，以反极性方式相连接，而且两组差分对的恒流源又组成一对差分电路，即 V_5 与 V_6，因此恒流源的控制电压可正可负，以此实现四象限工作。V_D、V_7、V_8 为差动电路放大器 V_5、V_6 的恒流源。

进行调幅时，8、10 脚间接一路输入（称为上输入 u_1，本实验中为载波信号），加在内部 $V_1 \sim V_4$ 的输入端；1、4 脚间接另一路输入（称为下输入 u_2，本实验中为调制信号），加在内部差动放大器 V_5、V_6 的输入端；2、3 脚外接负反馈电阻 R_t，以扩大调制信号动态范围；双差动放大器的两集电极（即引出脚 6、12）分别经由集电极电阻 R_C 接到正电源上，已调制信号自 6、12 脚输出；5 脚到地之间接电阻 R_B，它决定了恒流源 V_7、V_8 的电流数值，典型值为 6.8 kΩ；14 脚接负电源；7、9、11、13 脚悬空不用。可以证明：

$$u_o = \frac{2R_C}{R_t}u_2 \cdot \text{th}\left(\frac{u_1}{2U_T}\right)$$

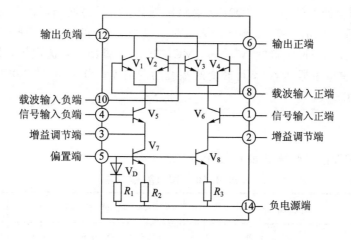

图 4.12 MC1496 芯片引脚及内部电路

因而，仅当上输入满足 $u_1 \leqslant U_T(26\ \mathrm{mV})$ 时，方有

$$u_o = \frac{R_C}{R_t U_T} u_1 \cdot u_2$$

才是真正的模拟乘法器。本实验即此例。

3. 实验电路说明

本实验的原理电路如图 4.13 所示。图中：U801 是幅度调制乘法器；载波从 8P01 经耦合电容 8C02 在 8 脚输入；音频信号从 8P02 经耦合电容 8C03 在 1 脚输入；调幅信号从 6 脚单端输出；8C05 为输出耦合电容；8R03、8R10 分别为乘法器的负载电阻；2、3 脚之间接负反馈电阻 8R08，以扩展调制信号的线性动态范围，并调节增益，其值增大则线性范围

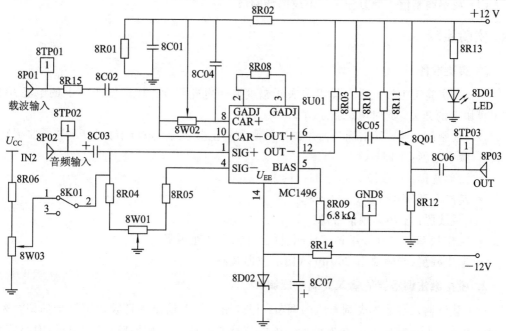

图 4.13 MC1496 组成的调幅原理电路

增大，但乘法器的增益会减小；8Q01 为射极跟随器，以提高调制器的带负载能力；8W01 用来调节 1、4 脚之间的平衡；8W02 用来调节 8、10 脚之间的平衡；开关 8K01 控制 1 脚是否接入直流电压。当 8K01 置"ON"位时，MC1496 的 1 脚接入直流电压，其输出为普通调幅波（AM），调整电位器 8W03，可改变调幅波的调制度；当 8K01 置"OFF"位时，其输出为平衡调幅波（DSB）。

四、实验仪器

本次实验需要的实验仪器如表 4.10 所示。

表 4.10　实　验　仪　器

序号	仪 器 名 称	功 能 作 用	数量
1	双踪示波器	观测输入/输出波形及电压	1
2	高频信号源	提供输入信号	1
3	数字万用表	测量静态工作点电压	1
4	集成乘法器幅度调制电路模块	搭建电路	1

五、实验内容

（1）模拟乘法调幅器的输入失调电压调节。

（2）观察普通调幅波（AM）的波形，并测量其调幅系数。

（3）观察平衡调幅波（抑制载波的双边带调幅波）波形。

（4）观察调制信号为方波、三角波的调幅波。

六、实验步骤

1. 实验准备

（1）在实验箱主板上插上集成乘法器幅度调制电路模块。接通实验箱上的电源开关，按下模块上的开关，此时电源指示灯亮。

（2）调制信号源：采用低频信号源中的函数发生器，其参数调节如下（示波器监测）。

• 频率范围：1 kHz。

• 波形选择：正弦波。

• 输出幅度（峰峰值）：300 mV。

（3）载波源：采用高频信号源。

• 工作频率：2 MHz 用频率计测量（也可采用其他频率）。

• 输出幅度（峰峰值）：200 mV（用示波器观测）。

2. 模拟乘法调幅器的输入失调电压调节

（1）载波输入端输入失调电压的调节。把调制信号源输出的音频调制信号加到音频输入端（8P02），而载波输入端不加信号。用示波器监测乘法器输出端（8TP03）的输出波形，调节电位器 8W02，使此时输出端（8TP03）的输出信号（称为调制输入端馈通误差）最小。

（2）调制输入端输入失调电压的调节。把载波源输出的载波信号加到载波输入端（8P01），而音频输入端不加信号。用示波器监测乘法器输出端（8TP03）的输出波形，调节电位器 8W01，使此时输出端（8TP03）的输出信号（称为载波输入端馈通误差）最小。

（3）方法提示。

① 集成模拟乘法器在使用之前必须进行输入失调调零，即进行交流馈通电压的调整，其目的是使乘法器调整为平衡状态。因此，在调整前必须将开关 8K01 置"OFF"（往下拨）位，以切断其直流电压。

② 交流馈通电压指的是乘法器的一个输入端加上信号电压，而另一个输入端不加信号时的输出电压，这个电压越小越好。

3. 观察普通调幅波（AM）的波形，并测量其调幅系数

（1）AM 波形观测。在保持输入失调电压调节的基础上，将开关 8K01 置"ON"（往上拨）位，即转为正常调幅状态。载波频率仍设置为 2 MHz（幅度为 200 mV），调制信号频率为 1 kHz（幅度为 300 mV）。示波器 CH1 接 8TP02、CH2 接 8TP03，即可观察到 AM 波形。

提示：调整电位器 8W03，可以改变调幅波的调制系数。在观察输出波形时，改变音频调制信号的频率及幅度，输出波形应随之变化。

（2）调制系数 m_a 的测试。通过直接测量调制包络来测出 m_a。

由图 4.14 所示的 AM 波形可得 m_a 的计算公式为

$$m_a = \frac{A - B}{A + B} \times 100\%$$

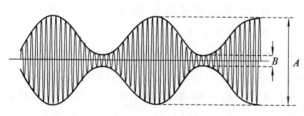

图 4.14 AM 波形

（3）不对称调制系数的 AM 波形观察。在 AM 波形调整的基础上，改变电位器 8W02，可观察到调制系数不对称的情形。最后仍调到调制系数对称的情形。

（4）过调制时的 AM 波形观察。在上述实验的基础上，即载波为 2 MHz（幅度为 200 mV），音频调制信号为 1 kHz（幅度为 300 mV），示波器 CH1 接 8TP02、CH2 接 8TP03，调整 8W03 使调制系数为 100%，然后增大音频调制信号的幅度，可以观察到过调制时的 AM 波形，并与调制信号波形作比较。

（5）增大载波幅度时的调幅波观察。保持调制信号输入不变，逐步增大载波幅度，并观察输出的已调波形。

提示：实验中，当载波幅度增大到某值时，已调波形开始有失真；而当载波幅度继续增大时，已调波形包络出现模糊。最后把载波幅度复原（200 mV）。

4. 观察调制信号为方波、三角波的调幅波

保持载波源输出不变，而把调制信号源输出的调制信号改为三角波（峰峰值为 200 mV）或方波（200 mV），并改变其频率，观察已调波形的变化；调整电位器 8W03，观

察输出波形调制系数的变化。

提示：实验中，AM 波形时，调制信号源输出的调制信号改为三角波或方波。

5. 观察平衡调幅波（抑制载波的双边带调幅波）的波形

（1）DSB 信号波形观察。将高频信号源输出的载波接入载波输入端（8P01），低频调制信号接入音频输入端（8P02）。示波器 CH1 接调制信号（可用带"钩"的探头接到 8TP02 上），示波器 CH2 接调幅输出端（8TP03），即可观察到调制信号及其对应的 DSB 信号波形。图 4.15 为抑制载波双边带调幅的标准波形示意，将实测波形与之对比，如果观察到的 DSB 波形不对称，应微调电位器 8W01。

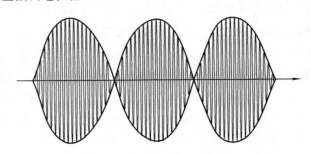

图 4.15　抑制载波双边带调幅的标准波形示意

提示：实验前，应先进行输入失调电压的调节（对应于 8W02、8W01 调节的基础上），方可进行 DSB 的测量。

（2）DSB 信号反相点观察。增大示波器 X 轴扫描速率，仔细观察调制信号过零点时刻所对应的 DSB 信号，能否观察到反相点。

提示：为了清楚地观察双边带信号的反相点，必须降低载波的频率。本实验可将载波频率降低为 100 kHz（如果是 DDS 高频信号源，可直接调制 100 kHz；如果是其他信号源，需另配 100 kHz 的函数发生器），幅度仍为 200 mV，调制信号仍为 1 kHz（幅度为 300 mV）。

（3）DSB 信号波形与载波波形的相位比较。将示波器 CH1 改接 8TP01 点，把调制器的输入载波波形与输出 DSB 波形的相位进行比较。

提示：在调制信号正半周期间，两者同相；在调制信号负半周期间，两者反相。

七、拓展实验

（1）单边带（SSB）是将抑制载波的双边带（DSB）通过边带滤波器滤除一个边带而得到的。试自行设计实验方案，进行单边带调制波形观察。

（2）方法提示。

① 可利用滤波与计数鉴频模块中的带通滤波器作为边带滤波器，该滤波器的中心频率为 104 kHz 左右，通频带约为 12 kHz。为了利用该带通滤波器取出上边带而抑制下边带频率，双边带的载波频率应取 100 kHz。

② 将载波频率为 100 kHz、幅度为 300 mV 的正弦波接入载波输入端（8P01），将频率为 4 kHz、幅度为 300 mV 的正弦波接入音频输入端（8P02）。按照 DSB 的调试方法得到 DSB 波形。将调幅输出（8P03）连接到滤波与计数鉴频模块中的带通滤波器输入端

（15P05），用示波器测量带通滤波器输出（15P06），即可观察到 SSB 信号波形。

③ 在本实验中，正常的 SSB 波形应为 104 kHz 的等幅波形，但由于带通滤波器频带较宽，下边带不可能完全抑制，因此，其输出波形不完全是等幅波。

八、思考题

（1）用集成模拟乘法器 MC1496 来实现普通调幅，经过调制的波形如何？为什么？

（2）普通调幅和抑制载波调幅的波形在调制信号过零点时有何特点？

（3）用模拟乘法器调幅和用晶体管实现高电平调幅，过调制时的输出波形有什么不同？为什么？

九、实验报告要求

（1）写明实验目的。

（2）写明实验所用仪器、设备及名称、型号。

（3）画出 100％调幅波形及抑制载波双边带调幅波形，并比较之。

（4）画出调幅实验中 m_a 为 30％、100％、120％时的调幅波形，并在图上标明峰峰值电压。

（5）对实验中出现的问题进行分析判断。

（6）总结由本实验所获得的体会。

4.6 振幅解调器（包络检波、同步检波）

一、实验目的

（1）掌握用包络检波器实现 AM 波解调的方法。

（2）了解滤波电容数值对 AM 波解调的影响。

（3）掌握用 MC1496 模拟乘法器组成的同步检波器实现 AM 波和 DSB 波解调的方法。

（4）了解输出端的低通滤波器对 AM 波解调、DSB 波解调的影响。

（5）理解同步检波器能解调各种 AM 波以及 DSB 波的概念。

二、预习要求

（1）复习有关调幅和解调的原理知识。

（2）了解引起二极管包络检波产生波形失真的主要因素。

（3）了解 MC1496 器件在解调中的应用。

三、实验原理

1. 实验原理

振幅解调即从振幅受调制的高频信号中提取原调制信号的过程，亦称为检波。通常，振幅解调的方法有包络检波和同步检波两种。

1）二极管大信号包络检波

图4.16是二极管大信号包络检波电路，大信号检波和二极管整流的过程相同。图4.17表明了大信号检波的工作原理。

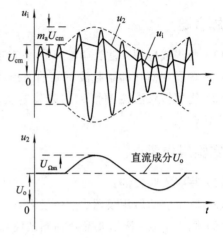

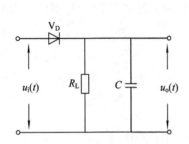

图4.16　大信号包络检波电路

图4.17　大信号检波的工作原理

输入信号 $u_i(t)$ 为正并超过 C 和 R_L 上的 $u_o(t)$ 时，二极管导通，信号通过二极管向 C 充电，此时 $u_o(t)$ 随充电电压上升而升高。当 $u_i(t)$ 下降且小于 $u_o(t)$ 时，二极管反向截止，此时停止向 C 充电并通过 R_L 放电，$u_o(t)$ 随放电而下降。充电时，二极管的正向电阻 r_D 较小，充电较快，$u_o(t)$ 以接近 $u_i(t)$ 上升的速率升高。放电时，因电阻 R_L 比 r_D 大的多（通常 $R_L = 5\sim10$ kΩ），放电慢，故 $u_o(t)$ 的波动小，并保证基本上接近于 $u_i(t)$ 的幅值。如果 $u_i(t)$ 是高频等幅波，则 $u_o(t)$ 是大小为 U_o 的直流电压（忽略了少量的高频成分），这正是带有滤波电容的整流电路。

当输入信号 $u_i(t)$ 的幅度增大或减小时，检波器的输出电压 $u_o(t)$ 也将随之近似成比例地升高或降低。当输入信号为调幅波时，检波器的输出电压 $u_o(t)$ 就随着调幅波的包络线而变化，从而获得调制信号，完成检波。由于输出电压 $u_o(t)$ 的大小与输入电压的峰值接近，故把这种检波器称为峰值包络检波器。

检波输出可能产生三种失真：

第一种是由于检波二极管伏安特性弯曲而引起的失真。

第二种是由于滤波电容放电慢而引起的失真，即对角线失真（又称对角线切割失真）。

第三种是由于输出耦合电容上所充的直流电压而引起的失真，即割底失真（又称底部切割失真）。

第一种失真主要存在于小信号检波器中，并且是小信号检波器中不可避免的失真，对于大信号检波器这种失真影响不大，主要是对角线失真和割底失真。

2）同步检波

同步检波，又称相干检波。它利用与已调幅波的载波同步（同频、同相）的一个恢复载波（又称基准信号）与已调幅波相乘，再用低通滤波器滤除高频分量，从而解调得到调制信号。其原理图如图4.18所示。

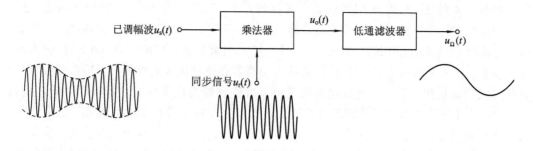

图 4.18　同步检波器原理框图

下面简述同步检波器的工作原理。

设已调幅波（抑制载波的双边带信号）的数学表达式为

$$u_s(t) = U_{sm} \cos\omega_c t \cos\Omega t$$

同步信号的数学表达式为

$$u_r(t) = U_{rm} \cos\omega_c t$$

上面两式相乘的结果为

$$u_o(t) = KU_{rm}U_{sm} \cos^2\omega_c t \cos\Omega t$$

$$= \frac{KU_{rm}U_{sm}}{2}(1 + \cos2\omega_c t) \cos\Omega t$$

$$= \frac{KU_{rm}U_{sm}}{2}\cos\Omega t + \frac{KU_{rm}U_{sm}}{2}\cos2\omega_c t \cos\Omega t$$

式中，第一项包含了所需的调制信号，第二项则是载波频率为 $2\omega_c$ 的双边带调制信号，用低通滤波器将它滤除，即可得到所需的调制信号。

2. 实验电路

1）二极管大信号包络检波实验电路

本实验的原理电路如图 4.19 所示，主要包括二极管、RC 低通滤波器和低频放大部分。图中，10D01 为检波管，10C02、10R08、10C07 构成低通滤波器，10R01、10W01 为二

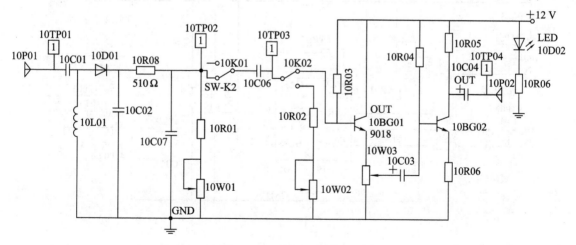

图 4.19　二极管大信号包络检波原理电路

极管检波直流负载，10W01 用来调节直流负载大小，10R02 与 10W02 相串联构成二极管检波交流负载，10W02 用来调节交流负载的大小。开关 10K01 是为二极管检波交流负载的接入与断开而设置的，10K01 置"ON"位时为接入交流负载，10K01 置"OFF"位时为断开交流负载。开关 10K02 控制着检波器是接入交流负载还是接入后级低放。开关 10K02 拨至左侧时接交流负载，拨至右侧时接后级低放。当检波器构成系统时，需与后级低放接通。10BG01、10BG02 对检波后的音频进行放大，放大后音频信号由 10P02 输出，因此 10K02 可控制音频信号是否输出，调节 10W03 可调整输出幅度。图中，利用二极管的单向导电性使得电路的充放电时间常数不同（实际上相差很大）来实现检波，所以 RC 时间常数的选择很重要。RC 时间常数过大，则会产生对角线切割失真（又称惰性失真）。RC 时间常数太小，高频分量会滤不干净。综合考虑，要求满足下式：

$$RC\Omega \ll \frac{\sqrt{1-m_a^2}}{m_a}$$

其中：m_a 为调幅系数；Ω 为调制信号角频率。

当检波器的直流负载电阻 R 与交流音频负载电阻 R_Ω 不相等而且调幅系数 m_a 又相当大时，会产生底部切割失真（又称负峰切割失真），为了保证不产生底部切割失真，应满足：

$$m_a < \frac{R_\Omega}{R}$$

2）同步检波实验电路

本实验采用 MC1496 集成电路来组成解调器，原理电路如图 4.20 所示。图中，载波信号先加到输入端 9P01 上，再经过电容 9C01 耦合加在 8、10 脚之间。已调幅波信号先加到输入端 9P02 上，再经过电容 9C02 耦合加在 1、4 脚之间。相乘后的信号由 6 脚输出，再经过由 9C04、9C05、9R06 组成的 Ⅱ 型低通滤波器滤除高频分量后，在解调输出端（9P03）提取出调制信号。

在图 4.20 中对 MC1496 采用了单电源（+12 V）供电，因而 14 脚需接地，且其他脚亦应偏置相应的正电位，恰如图中所示。

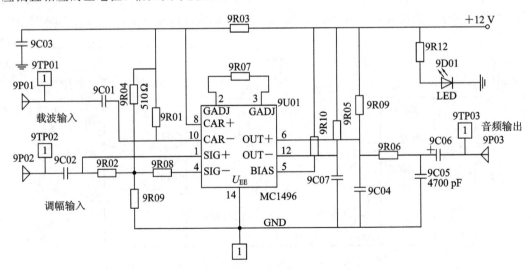

图 4.20 由 MC1496 组成的解调器原理电路

四、实验仪器

本次实验需要的实验仪器如表 4.11 所示。

表 4.11 实 验 仪 器

序号	仪 器 名 称	功 能 作 用	数　　量
1	双踪示波器	观测输入/输出波形及电压	1
2	高频信号源	提供输入信号	1
3	数字万用表	测量静态工作点电压	1
4	晶体二极管检波器模块	搭建电路	1
5	集成乘法器幅度解调电路模块	搭建电路	1

五、实验内容

（1）观察包络检波器解调 AM 波、DSB 波时的性能。

（2）观察同步检波器解调 AM 波、DSB 波时的性能。

（3）观察普通调幅波（AM）解调中的对角线切割失真和底部切割失真的现象。

六、实验步骤

1. 实验准备

（1）选择好需做实验的模块：集成乘法器幅度调制电路、二极管检波器、集成乘法器幅度解调电路。

（2）接通实验板的电源开关，使相应电源指示灯发光，表示已接通电源，即可开始实验。

注意：做本实验时仍需重复集成乘法器幅度调制实验电路中的部分内容，先产生调幅波，再供解调之用。

2. 二极管大信号包络检波

1）AM 波的解调

（1）$m_a = 30\%$ 的 AM 波的解调。

① AM 波的获得。在集成乘法器幅度调制电路模块中，低频信号或函数发生器作为调制信号源（输出峰峰值为 300 mV 的 1 kHz 正弦波），高频信号源作为载波源（输出峰峰值为 200 mV 的 2 MHz 正弦波），调节 8W03，便可从幅度调制电路单元输出 $m_a = 30\%$ 的 AM 波，其输出幅度（峰峰值）至少应为 0.8 V。

② AM 波的包络检波器解调。先断开检波器交流负载（10K01 置"OFF"位），把上面得到的 AM 波加到包络检波器输入端（10P01），即可用示波器在 10TP02 观察到包络检波器的输出，并记录输出波形。

提示：为了更好地观察包络检波器的解调性能，可将示波器 CH1 接包络检波器的输入端 10TP01，而将示波器 CH2 接包络检波器的输出端 10TP02（下同）。调节直流负载的大小（调节 10W01），使输出得到一个不失真的解调信号，画出波形。

③ 观察对角线切割失真。保持以上输出,调节直流负载(调节 10W01),使输出产生对角线失真,画出其波形,并计算此时的 m_a 值。

提示:如果失真不明显,可以加大调幅度(即调整 8W03)。

④ 观察底部切割失真。调节直流负载(调节 10W01),使输出产生底部切割失真,画出其波形,并计算此时的 m_a 值。

提示:(a)交流负载未接入前,先调节 10W01 使解调信号不失真,然后接通交流负载(10K01 置"ON"位,10K02 拨至左侧),示波器 CH2 接 10TP03。调节交流负载的大小(调节 10W02),使解调信号出现底部切割失真。如果失真不明显,可加大调幅度(即增大音频调制信号幅度),画出其相应的波形,并计算此时的 m_a。

(b)出现底部切割失真后,减小 m_a(减小音频调制信号幅度)使失真消失,并计算此时的 m_a。在解调信号不失真的情况下,将 10K02 拨至右侧,示波器 CH2 接 10TP04,可观察到放大后的音频信号,调节 10W03,音频幅度会发生变化。

(2) $m_a = 100\%$ 的 AM 波的解调。调节 8W03,使 $m_a = 100\%$,观察并记录检波器的输出波形。

(3) $m_a > 100\%$ 的 AM 波的解调。加大音频调制信号幅度,使 $m_a > 100\%$,观察并记录检波器的输出波形。

(4) 调制信号为三角波和方波的解调。在上述情况下,恢复 $m_a > 30\%$,调节 10W01 和 10W02,使解调输出波形不失真,然后将低频信号源的调制信号改为三角波和方波(由实验箱中低频信号源模块内的 K101 控制),即可在检波器输出端(10TP02、10TP03、10TP04)观察到与调制信号相对应的波形,调节音频信号的频率(由实验箱中低频信号源模块内的 W101 控制),其波形也随之变化。

2) DSB 波的解调

采用集成乘法器幅度调制电路模块得到 DSB 波形,并增大载波信号及调制信号幅度,使得在调制电路输出端产生较大幅度的 DSB 信号。然后把它加到二极管包络检波器的输入端,观察并记录检波器的输出波形,并与调制信号比较。

3. 集成电路(乘法器)构成的同步检波

1) AM 波的解调

将幅度调制电路的输出接到幅度解调电路的调幅输入端(9P02),分别观察并记录当调制电路输出为 $m_a = 30\%$、$m_a = 100\%$、$m_a > 100\%$ 时三种 AM 的解调输出波形,并与调制信号比较。

提示:解调电路的载波恢复,可用铆孔线直接与调制电路中载波输入相连,即 9P01 与 8P01 相连。示波器 CH1 接调幅信号 9TP02,CH2 接同步检波器的输出端 9TP03。

2) DSB 波的解调

采用集成乘法器幅度调制电路模块获得 DSB 波,并加入到幅度解调电路的调幅输入端,而其他连线均保持不变,观察并记录解调输出波形,并与调制信号比较。

提示:实验中,改变调制信号的频率及幅度,观察解调信号有何变化。将调制信号改成三角波和方波,再观察解调输出波形。

七、拓展实验

（1）将音频信号作为调制信号源，利用高频实验箱现有的实验模块，试自行设计实验方案，进行调幅与检波系统实验。

（2）方法提示。

① 图 4.21 为调幅与检波系统实验的参考框图。

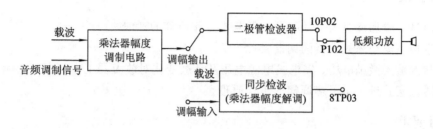

图 4.21　调幅与检波系统实验的参考框图

② 按图 4.21 连接好电路后，将幅度调制电路和检波电路调节好，使检波后的输出波形不失真。然后将检波后的音频信号接入低频信号源中的功放输入，即用铆孔线将二极管检波器输出 10P02（注意 10K01、10K02 的位置）与低频信号源中的"功放输入"P102 相连，或将同步检波器输出 9TP03 与"功放输入"相连，便可在扬声器中发出声音。

③ 在本实验中，改变调制信号的频率，声音也会发生变化。将低频信号源中的开关 K102 拨至"音乐输出"，扬声器中就有音乐声。

八、思考题

（1）二极管包络检测器能否调节抑制载波的双边带调幅信号？为什么？

（2）二极管包络检波器和同步检波器在解调 AM 波时的特点与区别是什么？

（3）引起对角线切割失真和底部切割失真现象的原因是什么？

九、实验报告要求

（1）写明实验目的。

（2）写明实验所用仪器、设备及名称、型号。

（3）由本实验归纳出两种检波器的解调特性，以"能否正确解调"填入表 4.12 中。

表 4.12　解调特性测试数据

输入的调幅波	AM 波			DSB
	$m_a = 30\%$	$m_a = 100\%$	$m_a > 100\%$	
包络检波				
同步检波				

（4）整理按实验步骤所得的数据，绘制记录的波形。

(5) 对实验中出现的问题进行分析判断。

(6) 总结由本实验所获得的体会。

4.7 高频谐振功率放大器

一、实验目的

(1) 通过实验加深对丙类功率放大器基本工作原理的理解。

(2) 掌握丙类功率放大器的调谐特性。

(3) 掌握输入激励电压、集电极电源电压及负载变化对放大器工作状态的影响。

(4) 通过实验进一步了解调幅的工作原理。

二、预习要求

(1) 学习有关内容，复习高频功率放大器的工作原理。

(2) 分析高频功率放大与发射的原理电路，弄清元件的作用。

(3) 了解谐振功率放大器的三种工作状态。

三、实验原理

1. 实验原理

高频谐振功率放大器是一种能量转换器件，它将电源供给的直流能量转换为高频交流输出。高频谐振功率放大器是通信系统中发送装置的重要组件，也是一种以谐振电路作负载的放大器。它和小信号调谐放大器的主要区别在于：小信号调谐放大器的输入信号很小，在微伏到毫伏数量级，晶体管工作于线性区域。小信号放大器一般工作在甲类状态，效率较低。而功率放大器的输入信号要大得多，为几百毫伏到几伏，晶体管工作延伸到非线性区域——截止和饱和区，这种放大器的输出功率大，效率高，一般工作在丙类状态。

谐振功率放大器的原理同一般放大器的原理类似，即利用输入到基极的信号来控制集电极的直流电源所供给的直流功率，使之转化为交流信号功率输出。为提高效率，增加输出功率，高频谐振功放一般采用丙类放大。

高频谐振功放的电原理图如图 4.22 所示(共射极放大器)。它主要由晶体管、LC 谐振回路、直流电源 E_C 和 E_B 等组成，U_B 为前级供给的高频输出电压，也称激励电压。

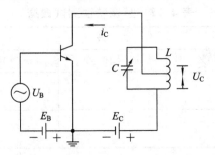

图 4.22 高频谐振功放的电原理图

在丙类状态下，放大器集电极电流 i_C 是脉冲状，因而包含很多谐波成分，有很大失真。但谐振功放的集电极电路采用了并联谐振回路，当该回路谐振于基频时，它对基频呈现很大的纯电阻性阻抗，而对谐波的阻抗很小，可以看做短路。因此，并联谐振电路由于通过 i_C 所产生的压降 U_C 也几乎只有基频。由于谐振回路的滤波作用，尽管 i_C 的失真很大，但仍然能够得到正弦波输出。

2. 实验电路

本实验的原理电路如图 4.23 所示。实验电路由两级放大器组成，11BG02 是前置放大级，工作在甲类线性状态，以适应较小的输入信号电平。11TP01、11TP02 为该级输入、输出测量点。由于该级负载是电阻，对输入信号没有滤波和调谐作用，因而既可作为调幅放大，也可作为调频放大。当 11K05 不接通时，11BG01 为丙类高频功率放大电路，其基极偏置电压为零，通过发射极上的电压构成反偏。因此，只有在载波的正半周且幅度足够大时才能使功率管导通。其集电极负载为 LC 选频谐振回路，谐振在载波频率上以选出基波，因此可获得较大的功率输出。

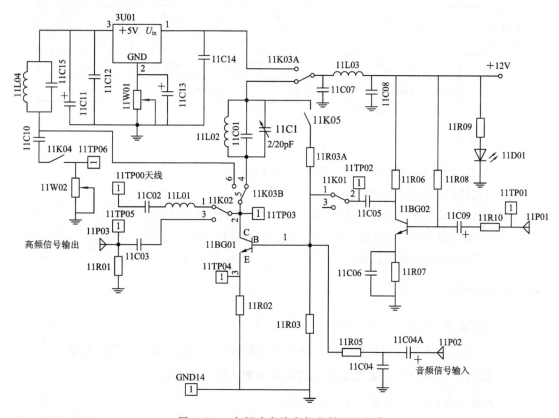

图 4.23　高频功率放大与发射原理电路

本实验功放有两个选频回路，由 11K03 来选定。当 11K03 拨至左侧时，所选的谐振回路的谐振频率为 6.3 MHz 左右，此时的功放可用于构成无线收发系统。当 11K03 拨至右侧时，谐振回路的谐振频率为 1.9 MHz 左右，此时可用于测量三种状态(欠压、临界、过压)下的电流脉冲波形，因频率较低时测量效果较好。11K04 用于控制负载电阻的接通与否，电位器 11W02 用来改变负载电阻的大小。11W01 用来调整功放集电极电源电压的大小(谐振回路频率为 1.9 MHz 左右时)。在功放构成系统时,11K02 控制功放是由天线发射输出还是直接通过电缆输出。当 11K02 往上拨时,功放输出通过天线发射,11TP00 为天线接入端。当 11K02 往下拨时,功放通过 11P03 输出。

11P02 为音频信号输入口,加入音频信号时可对功放进行基极调幅。11TP03 为功放集电极测试点,11TP04 为发射极测试点,可在该点测量电流脉冲波形。11TP06 用于测量负载电阻的大小。当输入信号为调幅波时,11BG01 不能工作在丙类状态,因为当调幅波在波谷时幅度较小,11BG01 可能不导通,导致输出波形严重失真。因此,输入信号为调幅波时,11K05 必须接通,11BG01 工作在甲类状态。

四、实验仪器

本次实验需要的实验仪器如表 4.13 所示。

表 4.13 实 验 仪 器

序号	仪 器 名 称	功 能 作 用	数 量
1	双踪示波器	观测输入/输出波形及电压	1
2	高频信号源	提供输入信号	1
3	数字万用表	测量静态工作点电压	1
4	高频功率放大与发射实验模块	搭建电路	1

五、实验内容

(1) 观察高频功率放大器丙类工作状态的现象,并分析其特点。

(2) 测试丙类功放的调谐特性。

(3) 测试负载变化时三种状态(欠压、临界、过压)的余弦电流波形。

(4) 观察激励电压、集电极电压变化时余弦电流脉冲的变化过程。

(5) 观察功放基极调幅波形。

六、实验步骤

1. 实验准备

在实验箱主板上装上高频功率放大与射频发射模块,接通电源即可开始实验。

2. 激励电压、电源电压及负载变化对丙类功放工作状态的影响

1) 激励电压 U_B 对放大器工作状态的影响

实验电路中,开关 11K01 置"ON"位,11K03 置"右侧"位置,11K02 往下拨。保持集电极电源电压 $E_C=6$ V(用万用表测 11TP03 直流电压,调节 11W01 使其为 6 V),负载电阻 $R_L=8$ kΩ(11K04 置"OFF"位,用万用表测 11TP06 电阻,调节 11W02 使其为 8 kΩ,然后将 11K04 置"ON"位)不变。高频信号源频率为 1.9 MHz 左右,幅度为 200 mV(峰峰值),连接至功放模块输入端(11P01)。示波器 CH1 接 11TP03,CH2 接 11TP04。调整高频信号源频率,使功放谐振即输出幅度(11TP03)最大。

提示：改变信号源幅度，即改变激励信号电压 U_B，观察 11TP04 电压波形。信号源幅度变化时，应观察到欠压、临界、过压脉冲波形。

2）集电极电源电压 E_C 对放大器工作状态的影响

保持激励电压 U_B（11TP01 点电压为 200 mV（峰峰值））、负载电阻 $R_L=8$ kΩ 不变，改变功放集电极电压 E_C，观察 11TP04 电压波形。

提示：调整电压 E_C 时（调整电位器 11W01，使 E_C 在 5～10 V 范围内变化），仍可观察到波形，但此时欠压波形幅度比临界时的稍大。

3）负载电阻 R_L 变化对放大器工作状态的影响

保持功放集电极电压 $E_C=6$ V，激励电压（11TP01 点电压为 150 mV（峰峰值））不变，改变负载电阻 R_L，观察 11TP04 电压波形，测出欠压、临界、过压时负载电阻的大小。

提示：改变负载电阻 R_L（调整电位器 11W02，注意 11K04 置"ON"位）时，可以观察到 11TP04 电压波形，但欠压时波形幅度比临界时的大。测试电阻时必须将 11K04 拨至"OFF"位，测完后再拨至"ON"位。

3. 功放调谐特性的测试

（1）前置级输入信号幅度峰峰值为 3 V（11TP01），频率范围为 5.2～7.2 MHz，用示波器测量 11TP03 的电压值，并填入表 4.14，然后画出频率与电压的关系曲线。

（2）方法提示。将 11K01 置"ON"位，11K02 往下拨，11K03 拨向"左侧"位置，拔掉跳线器 11K05。

表 4.14　功放调谐特性测试

f/MHz	5.2	5.5	5.8	6.0	6.2	6.4	6.7	7.0	7.3
$U_C/(U_{pp})$									

4. 功放调幅波的观察

（1）保持上述"3.功放调谐特性的测试"时所述的状态，调整高频信号源的频率，使功放谐振，即使 11TP03 点输出幅度最大。然后从 11P02 输入音频调制信号，用示波器观察 11TP03 的波形。

（2）方法提示。改变音频信号的幅度，输出调幅波的调制系数应发生变化。改变调制信号的频率，调幅波的包络亦随之变化。

七、拓展实验

1. 设计任务

设计安装一个丙类谐振功率放大器。

2. 设计要求

（1）技术指标要求：

① 设计频率：6.5 MHz；

② 输入阻抗：50 Ω；

③ 输出阻抗：50 Ω；

④ 信噪比：优于 60 dB；

⑤ 输出幅度波动：在输出频率为 6 MHz～7 MHz 时，输出电压幅度波动不大于 3 dB。

⑥ 采用分立元件设计。

（2）要求画出实际电路图，计算出各元器件参数值，确定元器件型号。

（3）自拟设计报告内容。

（4）写出心得体会。

八、思考题

（1）功率放大器中对功率放大晶体管有哪些要求？

（2）当分别改变激励信号和电源电压时，功放级电流如何变化？

（3）功放集电极馈电线路采用的是什么方式？

九、实验报告要求

（1）写明实验目的。

（2）写明实验所用仪器、设备及名称、型号。

（3）认真整理实验数据，对实验参数和波形进行分析，说明输入激励电压、集电极电源电压、负载电阻对工作状态的影响。

（4）用实测参数分析丙类功率放大器的特点。

（5）总结由本实验所获得的体会。

第 5 章　电子电路综合设计性实验

本章为电子电路综合设计性实验。在完成基本实验内容后，进行电子电路的综合设计实验，除了使学生受到设计思想、设计技能、调试技能与实验研究技能的训练之外，还可以提高学生的自学能力以及运用基础理论解决工程实际问题的能力，激发学生的创新精神，提高学生的全面素质。综合设计性实验属于应用性实验，实验内容侧重于某些理论知识的综合运用，本章选取的几个课题均具有一定的实用性和趣味性，要求学生 2～3 人组队，分工合作完成。

5.1　电子电路综合设计性实验的意义与要求

一、电子电路综合设计性实验的目的与意义

完成基本实验内容后，进行电子电路的综合设计性实验，是对所学知识的综合运用，是培养学生综合设计能力的必要途径，对培养学生创新思维有着十分重要的意义。其教学目的主要有两个方面。

1. 提高电子电路的设计能力

电子电路综合设计性实验一般是给出任务和要求，给定电路功能和技术指标，所以学生需要深入理解题目要求，查阅相关文献资料，选择电路设计方案，设计各单元电路结构，计算电路参数，选择元器件，而为了能更好地完成设计任务，最好利用 EDA 软件进行仿真和优化设计，以提高设计制作效率。因此，电子电路的综合设计过程实际上是综合运用电子技术理论知识的过程，通过独立完成电路设计，可以训练学生的设计思想、设计方法和设计技能，同时有助于学生熟练掌握使用计算机辅助分析与设计工具进行电路性能仿真和优化设计的方法，较快提高电子电路的设计能力和水平。

2. 培养解决实际问题的综合能力

由于电子器件参数的离散性、分布参数、电路制作安装问题等诸多因素的影响，根据理论设计的电路所能实现的功能与性能指标往往难以满足设计要求，这就要求在电路的安装、调试过程中解决各种实际问题。例如，诊断与排除故障、消除自激与排除干扰、修改元器件参数或电路结构等，直到电路能够正常工作，功能与指标符合设计要求。所以，通过设计、安装、调试与性能测试，可以提高学生分析解决实际问题的能力和综合运用知识的能力，强化工程实践能力的培养。

二、电子电路综合设计性实验的要求

电子电路综合设计性实验要求学生根据题目给定的设计要求，综合运用所学理论知识，查阅、收集相关资料，制定满足要求的设计方案，设计单元电路，然后到实验室进行方

案验证，修改并完善设计方案，最终确定设计电路，写出设计报告。

1. 预习报告要求

预习是顺利完成综合设计性实验的前提，预习报告内容包括总体方案设计、单元电路设计、电路参数计算、元器件选择、原理电路图绘制和电路仿真。

1）总体方案设计

根据题目要解决的实际问题的要求和性能指标，把要完成的任务分配给若干单元电路，并画出一个能反映各单元功能的整体原理框图。

解决问题的方案可能有很多种，设计时一定要认真阅读题目给定的条件和任务要求，查阅相关技术资料，对各种方案的优缺点和可行性进行反复比较，最后选择出功能全、运行可靠、简单经济、技术先进的最佳设计方案。

2）单元电路设计

一个复杂的电子系统，一般由若干单元电路组成。单元电路的设计，实际上是把复杂问题简单化，把整体任务分配到各单元电路，这样就可以利用学过的基本知识来完成较复杂的设计任务。单元电路设计的任务就是选择电路的基本结构形式，一般在保证能够完成给定的性能指标的前提下，尽量采用典型电路或参考比较成熟的常用电路，同时要考虑各单元电路之间的影响和配合。

3）电路参数计算

在确定电路基本形式后，运用所学理论知识，利用近似计算公式，计算各种器件的参数。对于模拟电路，工程实践中很多数据需要估算。要善于分析计算结果，并能进行必要的处理。一般情况下，器件的工作电流、工作电压、功耗和频率等参数，必须满足电路设计指标的要求，有些极限参数应该留有足够的裕量；对电阻、电容的参数，应该取与计算值相近的标称值。

4）元器件选择

电路设计过程实际上就是选择合适的元器件，用最佳的电路形式把元器件组合起来的过程。工程实践中元器件的选择一般要考虑两个方面的问题：一是根据性能指标和工作环境，确定元器件参数的额定值，并留出足够的裕量，确保元器件在低于额定值的条件下安全工作；二是在保证满足设计要求的前提下，尽量减少元器件的品种和规格，以提高元器件的复用率。

5）原理电路图绘制

单元电路设计完成后，绘出总的原理电路图，便于组装、调试和维修。原理电路图的总体安排要合理，电路图上的所有元器件的图形符号必须统一用国家规定的标准符号。原理电路图画好后应仔细检查，特别是二极管的极性、电容极性和电源正负极不能出现错误。

6）电路仿真

利用 Multisim 设计仿真软件进行电路性能的仿真和优化，可减小设计错误，提高设计效率。

2. 测试验证

设计的方案提交老师审查合格后，领取所需元器件，进入实验室进行方案验证。测试验证时需要注意以下问题：

（1）按照设计的电路安装电路，进行调试、测试，使实际电路的性能指标达到设计要求。

（2）在调试过程中，要仔细观察各种现象并认真做好记录，确保实验数据的完整、可靠。

（3）实验过程中，出现异常实验现象应及时报告指导老师。

3. 设计报告

设计报告是综合设计性实验的重要组成部分，是设计工作的全面总结，也是考核学生综合设计性实验成绩的主要依据。完成测试验证后，要认真撰写设计报告，要求语言通顺、图标清楚、分析合理、讨论深入。其主要内容包括设计任务、设计条件、设计具体要求、设计内容等。

1）设计任务

写明设计题目、设计任务。

2）设计条件

写明设计环境、实验室提供的实验条件和设备元器件等。

3）设计具体要求

写明任务对设计电路的具体要求，以及设计电路所具有的功能等。

4）设计内容

（1）绘制经过测试验证、完善的原理电路图。

（2）写出或绘制调试（或实验过程）的步骤或流程图。

（3）写出设计小结，有实物作品的编写设计说明和使用说明。

（4）列出元器件目录表。

（5）列出主要参考文献。

（6）写出实验的体会、收获和建议。

三、安全及注意事项

（1）遵守实验室规则，严禁乱动与本次实验无关的仪器和设备。

（2）严格遵守"先接线再通电，先断电再拆线"的操作顺序。

（3）同组人员应该相互配合，任务分工明确。

（4）严格遵守各项操作规程，培养严谨、科学的实验作风。

5.2 方波—三角波—正弦波函数信号发生器

一、设计任务

设计能够产生方波、三角波、正弦波的函数信号发生器。

二、设计要求

（1）利用运放 TL084 设计一个能够产生方波、三角波、正弦波的函数信号发生器。

（2）输出信号频率范围：10～100 Hz，100 Hz～1 kHz。

(3) 输出电压：方波 $U_{pp} \leqslant 24$ V，三角波 $U_{pp} = 8$ V，正弦波 $U_{pp} \geqslant 1$ V。

三. 设计原理

函数信号发生器一般是指能产生正弦波、方波、三角波、锯齿波及阶梯波等电压波形的电路构成的仪器设备。根据用途或条件的不同，函数信号发生器可采用不同方案来实现，具体电路中的元器件可采用分立元件，也可采用集成电路。

1. 函数信号发生器的组成

产生正弦波、方波、三角波的方案有多种，可以先产生正弦波，然后经过整形电路将正弦波变换为方波，再由积分电路将方波变换为三角波，也可以先产生方波、三角波，再将三角波变换成正弦波。这里介绍第二种方法，其电路组成框图如图 5.1 所示。

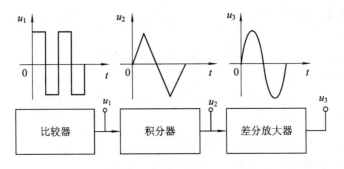

图 5.1 函数信号发生器的组成框图

2. 电路设计

1）方波—三角波产生电路

方波—三角波产生电路如图 5.2 所示。当 a 点断开时，电路呈开环状态，运放 A_1 与 R_1、R_2 及 R_3、R_{W1} 组成电压比较器。运放反相输入端接地，即 $U_- = 0$，同相输入端接输入电压 U_{in}，R_1 为平衡电阻。当比较器的输出为高电平时，$U_{o1} \approx +U_{CC}$；当比较器的输出为低电平时，$U_{o1} \approx -U_{EE}$；当 $U_+ = U_- = 0$ 时，比较器过零翻转，比较器输出 U_{o1} 从高电平 $+U_{CC}$ 跳到低电平 $-U_{EE}$，或从低电平 $-U_{EE}$ 跳到高电平 $+U_{CC}$。设 $U_{o1} \approx +U_{CC}$ 时有

$$U_+ = \frac{R_2}{R_2 + R_3 + R_{W1}}(+U_{CC}) + \frac{R_3 + R_{W1}}{R_2 + R_3 + R_{W1}}U_{in} = 0$$

整理后可得到比较器翻转的下门限电压 U_{in-} 为

$$U_{in-} = \frac{-R_2}{R_3 + R_{W1}} \times U_{CC}$$

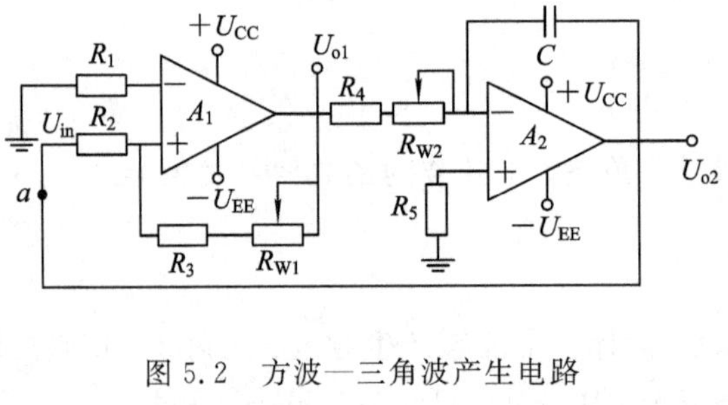

图 5.2 方波—三角波产生电路

若 $U_{o1} \approx -U_{EE}$，则比较器翻转的上门限电压 U_{in+} 为

$$U_{in+} = \frac{-R_2}{R_3 + R_{W1}}(-U_{EE}) = \frac{R_2}{R_3 + R_{W1}} \times U_{CC}$$

比较器的门限宽度为

$$U_H = U_{in+} - U_{in-} = \frac{2R_2}{R_3 + R_{W1}} \times U_{CC}$$

所以电压比较器的传输特性如图 5.3 所示。

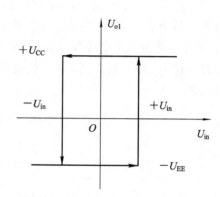

运放 A_2 与 R_4、R_{W2}、C 及 R_5 组成反相积分器，其输入信号为方波 U_{o1}，输出 U_{o2} 为

$$U_{o2} = \frac{-1}{(R_4 + R_{W2})C}\int_0^t U_{o1}\ dt + U_C(0)$$

其中，$U_C(0)$ 是 $t=0$ 时刻电容 C 两端的电压值，即初始值。

输入 U_{o1} 为阶跃信号，若 $U_C(0)=0$，当 $U_{o1} \approx +U_{CC}$ 时，有

$$U_{o2} = \frac{-(+U_{CC})}{(R_4 + R_{W2})C}t = \frac{-U_{CC}}{(R_4 + R_{W2})C}t$$

当 $U_{o1} \approx -U_{EE}$ 时，有

图 5.3　电压比较器的传输特性

$$U_{o2} = \frac{-(-U_{CC})}{(R_4 + R_{W2})C}t = \frac{U_{CC}}{(R_4 + R_{W2})C}t$$

可见，积分器输入方波时，输出是一个上升速率与下降速率相等的三角波，其波形关系如图 5.4 所示。

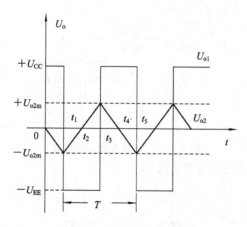

图 5.4　方波—三角波波形

a 点闭合后，比较器与积分器形成闭合环路，则图 5.2 所示电路加电后会自动产生方波和三角波。三角波的幅度为

$$U_{o2m} = \frac{R_2}{R_3 + R_{W1}} \times U_{CC}$$

方波和三角波的频率为

$$f = \frac{R_3 + R_{W1}}{4R_2(R_4 + R_{W2})C}$$

由此可知：

（1）电位器 R_{W2} 调整输出方波和三角波的频率，而不会影响输出信号的幅度，若要求输出信号频率范围较宽，可用 C 设置频段，R_{W2} 实现频段内的频率微调。

（2）方波的输出幅度近似等于电源电压 $+U_{CC}$。三角波的输出幅度可用 R_{W1} 实现微调，但不会影响输出信号频率。

2）三角波—正弦波变换电路

利用差分放大器传输特性的非线性，可实现三角波到正弦波的变换。如图 5.5 所示为差分放大器变换电路，其中 R_{W1} 调整输入三角波幅度，R_{W2} 调整电路对称性，其并联电阻 R_{E2} 用来减小差分放大器的线性区，电容 C_1、C_2、C_3 为隔直电容，C_4 为滤波电容。此电路具有工作点稳定，输入阻抗高，抗干扰能力较强等优点。分析表明，差分放大器的传输特性表达式为

$$i_{C1} = \alpha i_{E1} = \frac{\alpha I_o}{1 + e^{\frac{-U_{id}}{U_T}}}$$

$$i_{C2} = \alpha i_{E2} = \frac{\alpha I_o}{1 + e^{\frac{-U_{id}}{U_T}}}$$

式中：$\alpha = I_C / I_E \approx 1$；$I_o$ 为差分放大器的恒流源电流；U_T 为温度的电压当量，当室温为 25℃时，$U_T \approx 26$ mV。

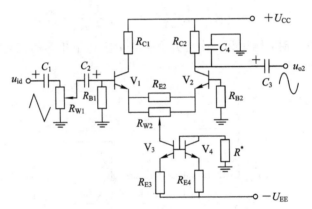

图 5.5　差分放大器变换电路

如果 U_{id} 为三角波，设三角波表达式为

$$U_{id} = \begin{cases} \dfrac{4U_m}{T}\left(t - \dfrac{T}{4}\right) & \left(0 \leqslant t \leqslant \dfrac{T}{2}\right) \\ \dfrac{-4U_m}{T}\left(t - \dfrac{3}{4}T\right) & \left(\dfrac{T}{2} \leqslant t \leqslant T\right) \end{cases}$$

式中：U_m 为三角波幅度；T 为三角波周期。

将 U_{id} 代入 i_{C1}、i_{C2} 的表达式，则

$$i_C(t) = \begin{cases} \dfrac{\alpha I_o}{1 + e^{\frac{-U_m}{U_T T}\left(t - \frac{T}{4}\right)}} & \left(0 \leqslant t \leqslant \dfrac{T}{2}\right) \\ \dfrac{\alpha I_o}{1 + e^{\frac{U_m}{U_T T}\left(t - \frac{3}{4}T\right)}} & \left(\dfrac{T}{2} \leqslant t \leqslant T\right) \end{cases}$$

利用计算机对上式进行计算，打印输出的 $i_{C1}(t)$、$i_{C2}(t)$ 曲线近似于正弦波，所以差分放大器的单端输出电压 $u_{C1}(t)$、$u_{C2}(t)$ 亦近似于正弦波，从而实现了三角波到正弦波的变换，波形变换过程如图 5.6 所示。由图可见：

（1）传输特性越对称，线性区越窄越好。

（2）三角波的幅度 U_{o2m} 应正好使晶体管接近饱和区或截止区。

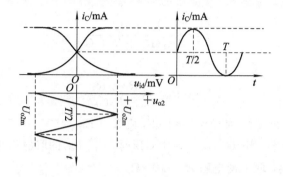

图 5.6 三角波—正弦波波形变换过程

除采用上述方法实现波形变换外，也可直接采用专用集成电路来实现，例如常用的专用集成电路函数发生器 ICL8038，可以同时输出方波、三角波、正弦波，外加少许元器件还可输出锯齿波，其工作频率范围在几百赫兹到几百千赫兹。

3. 计算元件参数

1）器件型号

函数信号发生器的完整电路如图 5.7 所示，运放采用 TL084，差分放大器采用实验 2.2 中的单端输入—单端输出差分放大电路，电源电压为 ±12 V。

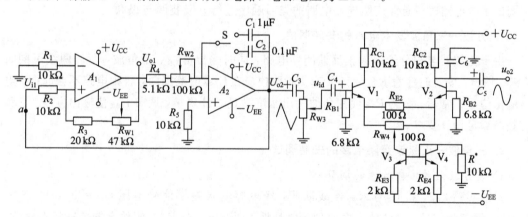

图 5.7 函数发生器的完整电路

2）比较器、积分器元件参数

积分器的输出为

$$U_{o2m} = \frac{R_2}{R_3 + R_{W1}} \times U_{CC}$$

根据设计任务要求，得到

$$\frac{R_2}{R_3 + R_{W1}} = \frac{U_{o2m}}{U_{CC}} = \frac{4}{12} = \frac{1}{3}$$

取 $R_2 = 10 \text{ k}\Omega$，则 $R_2 + R_{W1} = 30 \text{ k}\Omega$，取 $R_3 = 20 \text{ k}\Omega$，R_{W1} 为 $50 \text{ k}\Omega$ 的电位器。平衡电阻 R_1 取值为

$$R_1 = R_2 /\!/ (R_3 + R_{W1}) \approx 10 \text{ k}\Omega$$

方波和三角波的频率为

$$f = \frac{R_3 + R_{W1}}{4R_2(R_4 + R_{W2})C}$$

所以

$$R_4 + R_{W2} = \frac{R_3 + R_{W1}}{4R_2 Cf}$$

当 $10 \text{ Hz} \leqslant f \leqslant 100 \text{ Hz}$ 时，取 $C = C_1 = 1 \text{ }\mu\text{F}$，则 $R_4 + R_{W2} = (75 \sim 7.5) \text{ k}\Omega$，取 $R_4 = 5.1 \text{ k}\Omega$，取 $R_{W2} = 100 \text{ k}\Omega$ 的电位器。当 $100 \text{ Hz} \leqslant f \leqslant 1 \text{ kHz}$ 时，R_4、R_{W2} 的取值不变，取 $C = C_2 = 0.1 \text{ }\mu\text{F}$ 以实现频率波段的转换，取平衡电阻 $R_5 = 10 \text{ k}\Omega$。

3）三角波—正弦波变换电路

采用的电路为典型的射极耦合差分放大器，参数设计可参考实验 2.2。隔直电容容量尽量大些，因为工作频率较低，取 $C_3 = C_4 = C_5 = 470 \text{ }\mu\text{F}$，$C_6$ 一般为几十 pF 至 $0.1 \text{ }\mu\text{F}$，R_{E2}、R_{W4} 均为 $100 \text{ }\Omega$，放大器静态工作点可通过观测放大器传输特性曲线，调整 R_{W4} 及电阻 R^* 确定。

四、安装调试

图 5.7 所示方波、三角波、正弦波函数信号发生电路是由三级单元电路组成的，在安装调试多级电路时，通常按照单元电路的先后顺序进行分级装调与级联。

1. 方波—三角波发生电路的安装调试

由于比较器与积分器组成正反馈闭环电路，同时输出方波、三角波，所以两级可同时安装、调试。安装时注意 $R_{W1} = 10 \text{ k}\Omega$，$R_{W2}$ 取值应在计算值范围内，否则电路不会起振。电路输出信号正常后，微调 R_{W1} 使三角波输出幅度满足设计要求，调节 R_{W2} 使输出方波、三角波频率满足设计要求。

2. 三角波—正弦波变换电路的安装调试

1）差分放大器传输特性的调节

参照实验 2.2。将 C_4 与 R_{W3} 连线断开，经电容输入差模信号电压 $U_{id} = 50 \text{ mV}$、$f_i = 100 \text{ Hz}$ 的正弦信号，测试放大电路的传输特性。调节 R_{W4} 及 R^*，使放大器传输特性对称。再逐渐加大 U_{id}，直到放大电路传输特性形状如图 5.6 所示，记录此时的 U_{idm}。

2）调整 U_{idm}

将 R_{W3} 与 C_4 连接，调节 R_{W3} 使得差分放大器输入幅度为 U_{idm}。

3）电路参数调整

如果此时输出正弦波发生失真，可调整 R^* 改变静态工作点；调整 R_{W4} 和 R_{E2} 改变传输特性线性区大小；调整滤波电容 C_6 改善非线性失真。

五、性能测试

1. 输出信号频率范围

改变积分电容，调节 R_{w2}，并用示波器(或频率计)测量输出信号的频率，看能否覆盖 1 Hz~1 kHz。

2. 输出电压

在输出信号频率范围内，用示波器测量输出方波、三角波($U_{pp}=8$ V)、正弦波幅度，看能否达到设计要求。

六、设计报告要求

1. 设计任务

设计题目、设计任务。

2. 设计条件

写明设计环境、实验室提供的实验条件和设备元器件等。

3. 设计具体要求

写明任务对设计电路的具体要求，以及设计电路所具有的功能等。

4. 设计内容

(1) 绘制经过测试验证、完善的原理电路图。
(2) 设计步骤和调试过程。
(3) 列出元器件目录表。
(4) 列出主要参考文献。
(5) 写出设计小结以及实验的体会、收获和建议。

5.3 RC 有源滤波器

一、设计任务

设计一个二阶有源带通滤波器。

二、设计要求

(1) 利用运放 TL084 设计一个二阶有源带通滤波器。
(2) $\Delta f = f_H - f_L = 3000 - 300$ Hz $= 2700$ Hz。
(3) $A_{uf} = 1$。

三、设计原理

有源滤波器通常是用有源器件与 RC 网络组成的。有源滤波器种类较多，如按通带的性能，可分为低通(LPF)、高通(HPF)、带通(BPF)、带阻(BEF)滤波器，本次实验重点讨论典型二阶有源滤波器。

1. 二阶有源低通滤波器

1）基本原理

典型的二阶有源低通滤波器如图 5.8 所示，为抑制尖峰脉冲，反馈回路增加了电容 C_3，其容量一般为 $22\sim51$ pF。该滤波器每节 RC 电路衰减 -6 dB/倍频程，每级滤波器衰减 -12 dB/倍频程。其传递函数为

$$A(s) = \frac{A_{uf}\omega_n^2}{s^2 + \dfrac{\omega_n}{Q}s + \omega_n^2}$$

式中，A_{uf}、ω_n、Q 分别表示如下：

通带增益为

$$A_{uf} = 1 + \frac{R_4}{R_3}$$

固有角频率为

$$\omega_n = \frac{1}{\sqrt{R_1 R_2 C_1 C_2}}$$

品质因数为

$$Q = \frac{\sqrt{R_1 R_2 C_1 C_2}}{C_2(R_1 + R_2) + (1 - A_{uf})R_1 C_1}$$

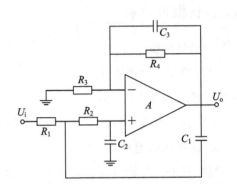

图 5.8 二阶有源低通滤波器

2）设计方法

设计二阶有源 LPF 时选用 RC 有两种方法。

方法一：设 $A_{uf}=1$，$R_1 = R_2 = R$，$R_3 = \infty$，以及

$$\begin{cases} Q = \dfrac{1}{2}\sqrt{\dfrac{C_1}{C_2}} \\[2mm] f_n = \dfrac{1}{2\pi R\sqrt{C_1 C_2}} \\[2mm] C_1 = \dfrac{2Q}{\omega_n R} \\[2mm] C_2 = \dfrac{1}{2Q\omega_n R} \\[2mm] n = \dfrac{C_1}{C_2} = 4Q^2 \end{cases}$$

设计中，由于增益 $A_{uf}=1$，因而工作稳定，故适用于高 Q 值的电路。

方法二：若 $R_1 = R_2 = R$，$C_1 = C_2 = C$，则

$$\begin{cases} Q = \dfrac{1}{3 - A_{uf}} \\[2mm] f_n = \dfrac{1}{2\pi RC} \end{cases}$$

从上面可知，f_n、Q 可分别由 R、C 的值和运放增益的变化来单独调整，相互影响不大，因此这种设计方法对要求特性保持一定而 f_n 在较宽范围内变化的情况比较适用，但必须使用精度和稳定性均较高的元件。对于图 5.8 所示滤波器，Q 值按照近似特性可有如下分类：

$$\begin{cases} Q = \dfrac{1}{\sqrt{2}} \approx 0.71 \quad （巴特沃斯特性）\\[3mm] Q = \dfrac{1}{\sqrt{3}} \approx 0.58 \quad （贝塞尔特性）\\[3mm] Q = 0.96 \quad （切比雪夫特性） \end{cases}$$

2. 二阶有源高通滤波器

1）基本原理

HPF 与 LPF 几乎具有完全的对偶性，把图 5.8 中的 R_1 和 R_2、C_1 和 C_2 的位置互换就构成了如图 5.9 所示的二阶有源 HPF。二者的参数表达式与特性也有对偶性。二阶有源 HPF 的传递函数为

$$A(s) = \frac{A_{uf}s^2}{s^2 + \dfrac{\omega_n}{Q}s + \omega_n^2}$$

式中，A_{uf}、ω_n、Q 分别为

$$\begin{cases} A_{uf} = 1 + \dfrac{R_4}{R_3}\\[3mm] \omega_n = \dfrac{1}{\sqrt{R_1 R_2 C_1 C_2}}\\[4mm] Q = \dfrac{\dfrac{1}{\omega_n}}{R_2(C_1 + C_2) + (1 - A_{uf})R_2 C_2} \end{cases}$$

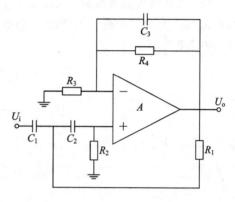

图 5.9　二阶有源高通滤波器

2）设计方法

HPF 中 R、C 参数的设计方法也与 LPF 的相似，有两种方法。

方法一：设 $A_{uf} = 1$，$C_1 = C_2 = C$，根据设计所需的 Q、$f_n(\omega_n)$ 可得

$$\begin{cases} R_1 = \dfrac{1}{2Q\omega_n C}\\[3mm] R_2 = \dfrac{2Q}{\omega_n C}\\[3mm] n = \dfrac{R_1}{R_2} = 4Q^2 \end{cases}$$

方法二：设 $R_1 = R_2 = R$，$C_1 = C_2 = C$，根据设计所需的 Q、$f_n(\omega_n)$ 可得

$$A_{uf} = 3 - \frac{1}{Q}$$

$$R = \frac{1}{\omega_n C}$$

有关两种方法的应用特点与 LPF 的情况相同。

3. 二阶有源带通滤波器

1）基本原理

带通滤波器能通过规定范围的频率，这个频率范围由电路的带宽 BW 确定，滤波器的最大输出电压峰值出现在中心频率为 f_0 的频率点上。

带通滤波器的带宽越窄,选择性越好,也就是电路的品质因数 Q 越高。电路的 Q 值可用公式求出:

$$Q = \frac{f_0}{\mathrm{BW}}$$

可见,高 Q 值滤波器有窄的带宽,输出电压较大;反之,低 Q 值滤波器有较宽的带宽,输出电压较小。

2) 设计方法

BPF 的电路形式较多,下面以两个例子来说明其电路设计方法。

(1) 文氏桥带通滤波器。实验 2.5 中的 RC 桥式振荡电路实际上就是一个选择性很好的有源 BPF 电路,如图 5.10 所示。该电路在满足 $R_1 = R_2 = R$,$C_1 = C_2 = C$ 的条件下,Q 值与中心频率 f_0 分别为

$$Q = \frac{1}{3 - A_{uf}} = \frac{1}{2 - R_4/R_3}$$

$$f_0 = \frac{1}{2\pi \sqrt{C_1 C_2 R_1 R_2}} = \frac{1}{2\pi RC}$$

式中,$A_{uf} = 1 + R_4/R_3 \geqslant 3$。

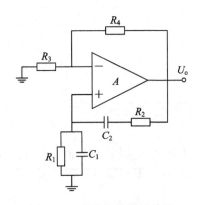

图 5.10 文氏桥带通滤波器

(2) 宽带带通滤波器。在满足 LPF 的通带截止频率高于 HPF 的通带截止频率的条件下,把 LPF 和 HPF 串接起来可以实现巴特沃斯通带响应,如图 5.11 所示,用此方法构成的 BPF 的通带较宽,通带截止频率易于调整,因此多用作音频带通滤波器,如在电话系统中,采用图 5.11 所示 BPF 能抑制低于 300 Hz 和高于 3000 Hz 的信号,整个通带增益为 8 dB,运算放大器可用 TL084。

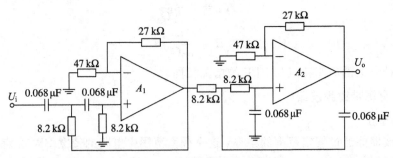

图 5.11 宽带带通滤波器

4. 二阶有源滤波器设计实例

（1）设计一个如图 5.8 所示的具有巴特沃斯特性的二阶有源低通滤波器，要求 $f_n = 1\ \text{kHz}$。

方法一：取 $A_{uf} = 1(R_3 = \infty)$，$Q = 0.71$，$R_1 = R_2 = R = 160\ \text{k}\Omega$，由计算公式知

$$\frac{C_1}{C_2} \approx 2$$

$$C_1 = \frac{2Q}{\omega_n R} = 1400\ \text{pF}$$

$$C_2 = \frac{C_1}{2} = 700\ \text{pF（取标称值 680 pF）}$$

方法二：取 $R_1 = R_2 = R = 160\ \text{k}\Omega$，$Q = 0.71$，由计算公式知

$$A_{uf} = \frac{3Q - 1}{Q} \approx 1.58$$

$$C_1 = C_2 = \frac{1}{\omega_n R} = 0.001\ \mu\text{F}$$

（2）设计一个如图 5.9 所示的具有巴特沃斯特性的二阶有源高通滤波器（$Q \approx 0.71$），要求 $f_n = 1\ \text{kHz}$。

方法一：设 $A_{uf} = 1(R_3 = \infty)$，选取 $C_1 = C_2 = 1000\ \text{pF}$，由计算公式求得 $R_1 = 112\ \text{k}\Omega$，$R_2 = 216\ \text{k}\Omega$。选用 110 kΩ 和 220 kΩ 的电阻标称值。

方法二：选取 $R_1 = R_2 = 160\ \text{k}\Omega$，由计算公式求得 $A_{uf} = 1.58$，$C_1 = C_2 = 1000\ \text{pF}$。

（3）利用运放 TL084 设计一个具有巴特沃斯特性的二阶有源带通滤波器，要求 $A_{uf} = 1$，$f_H = 3000\ \text{Hz}$，$f_L = 300\ \text{Hz}$，$\Delta f = 2.7\ \text{kHz}$。

参考电路如图 5.12 所示，请自行计算滤波器参数。

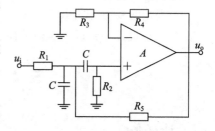

图 5.12　二阶有源带通滤波器参考电路

四、安装调试

在满足 LPF 的通带截止频率高于 HPF 的通带截止频率的条件下，如图 5.11 所示，是把二阶有源 LPF 和 HPF 串接起来实现的巴特沃斯二阶有源 BPF。LPF 的通带截止频率为 3000 Hz，HPF 的通带截止频率为 300 Hz。

1. LPF 的安装调试

（1）电路安装完毕后，接通 ±12 V 电源，输入端接入幅度为 1 V 的正弦信号，在滤波器截止频率附近改变输入信号频率，用示波器或交流毫伏表观察输出电压变化是否具备低通特性，如不具备低通特性，应检查电路，排除故障。

（2）调整电路参数，满足 $f_H = 3000\ \text{Hz}$。

2. HPF 的安装调试

（1）电路安装完毕后，接通 ±12 V 电源，输入端接入幅度为 1 V 的正弦信号，在滤波器截止频率附近改变输入信号频率，用示波器或交流毫伏表观察输出电压变化是否具备高通特性，如不具备高通特性，应检查电路，排除故障。

（2）调整电路参数，满足 $f_L=300$ Hz。

五、性能测试

（1）测量电路的中心频率 f_0。

（2）以实测中心频率 f_0 为中心，测试电路的幅频特性。

六、设计报告要求

1. 设计任务

写明设计题目、设计任务。

2. 设计条件

写明设计环境、实验室提供的实验条件和设备元器件等。

3. 设计具体要求

写明任务对设计电路的具体要求，以及设计电路所具有的功能等。

4. 设计内容

（1）绘制经过测试验证、完善的原理电路图。

（2）设计步骤和调试过程。

（3）列出元器件目录表。

（4）列出主要参考文献。

（5）写出设计小结以及实验的体会、收获和建议。

5.4 水温控制系统

一、设计任务

设计一个水温自动控制系统。

二、设计要求

（1）控制电路能够对室温 22℃～26℃有比较敏感的反应。

（2）有温度设定功能。

（3）温度超过设定温度值时，有报警功能。

三、设计原理

水温控制系统的基本组成框图如图 5.13 所示，电路由温度传感器、K－℃变换器、温度设置、比较器和执行单元组成。温度传感器的作用是把温度信息转换成电流或电压信号，K－℃变换器将绝对温度转换成摄氏温度。信号经过放大和刻度定标(0.1V/℃)后送入比较器与预先设定的固定电压进行比较，由比较器输出来控制执行单元和 LED 指示灯工作，实现温度的自动调节和报警。

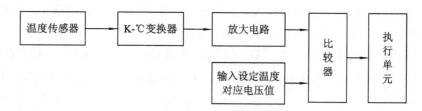

图 5.13　水温控制系统的基本组成框图

1. 电路设计

水温控制系统的电路原理图如图 5.14 所示。

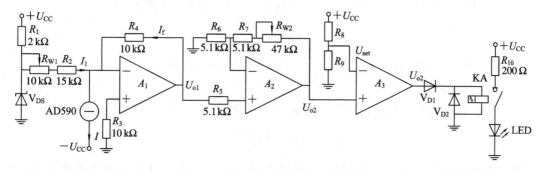

图 5.14　水温控制系统的电路原理图

2. 参数计算

1）温度传感器和 K-℃变换器

集成温度传感器 AD590 是一种电流型二端器件，有"+"、"−"两个有效引脚，在其引脚施加一定电压后，通过 AD590 的电流与其温度成正比。AD590 的原理图和封装图如图 5.15 所示，引脚 3 为传感器外壳，可悬空或接地（起屏蔽作用）。

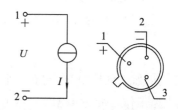

图 5.15　AD590 的原理图和封装图

AD590 的基本参数如表 5.1 所示，其测温范围为 $-55℃\sim+155℃$，测温精度为 $\pm0.5℃$，具有良好的互换性和线性，有消除电源波动的特性，输出阻抗达 10 MΩ。通过 AD590 的电流 I 与温度成线性关系，温度每增加 $1℃$，电流 I 随之增加 $1\ \mu A$。在制造时按照热力学温度标定，即在 $0℃$ 时 AD590 的电流 $I=273\ \mu A$，其关系式为

$$I = 273 + t$$

表 5.1　AD590 的基本参数

型号	测温关系	25℃标定误差 /℃	非线性误差 /℃	测量范围 /℃	电源电压/V	25℃输出 /μA
AD590J	1 μA/℃	±5.0	±1.5	−55～+155	4～30	298.2
AD590K	1 μA/℃	±2.5	±0.8	−55～+155	4～30	298.2
AD590L	1 μA/℃	±1.0	±0.4	−55～+155	4～30	298.2
AD590M	1 μA/℃	±0.5	±0.3	−55～+155	4～30	298.2

为了将 AD590 的电流信号转换为电压信号，应给 AD590 串联电阻，比如串联 10 kΩ 的电阻，则在 0℃时电阻上的压降为 2.73 V，温度每增加 1℃，电阻上压降增加 10 mV。为了使温度为 0℃时对应输出为 0 V，AD590 实际使用时应加入偏移量，以抵消此时 AD590 的输出。如图 5.14 所示，I_1 就是用来抵消 273 μA 的偏移量的。运放 A_1 的反相输入端虚地，其输出为

$$U_{o1} = I_f \times R_4 = (I - I_1) \times R_4$$

为了使运放 A_1 的输出与摄氏温度成正比，选择 $R_4 = 10$ kΩ，即温度每增加 1℃，U_{o1} 增加 10 mV。稳压二极管 V_{DS} 的稳定电压为 6 V，R_1 为限流电阻，为保证流过稳压二极管的电流 I_z 远大于 I_1，选择 $R_1 = 2$ kΩ，同样由于运放 A_1 的反相输入端虚地，有

$$I_1 = \frac{U_z}{R_2 + R_{W1}} = 273 \ \mu\text{A}$$

所以 $R_2 + R_{W1} \approx 21.9$ kΩ，可选择 $R_2 = 15$ kΩ，R_{W1} 为 10 kΩ 的电位器。

2）放大电路

本级为同相比例运算电路，其输入/输出关系为

$$u_{o2} = \left(1 + \frac{R_7 + R_{W2}}{R_6}\right) u_{o1}$$

要求温度电压转换当量为 100 mV/℃，可通过调节 R_{W2}，使得放大电路放大倍数为 10。因此取 R_6、R_7 为 5.1 kΩ，R_{W2} 为 47 kΩ，平衡电阻 $R_5 = 5.1$ kΩ。

3）温度设定与比较器

温度设定由电阻 R_8、R_9 完成，设定值的选取可参考如下公式：

$$U_{set} = \frac{R_8}{R_8 + R_9} \times U_{CC}$$

运放 A_2 的输出 U_{o2} 与 U_{set} 进行比较，当超过设定值时，A_3 输出高电平，驱动继电器，报警电路工作。如设定温度为 40℃，对应 $U_{set} = 4$ V，可选取 $R_8 = 150$ kΩ，$R_9 = 75$ kΩ。

4）执行电路

继电器 KA 为常开接点，当温度超过预设的温度值后，A_3 输出正的电源电压，继电器动作，发光二极管电路中的 KA 闭合，指示灯点亮，实现报警。当温度低于预设的温度值时，KA 常闭接点接通，通过加热器对水加热，实现水温的自动控制。

四、安装调试

按照原理图连接线路后，进行整机调试，其流程为：

（1）不接入 AD590 时，测量 u_{o1} 应为 -2.73 V，通过调节 R_{W1} 以平衡掉 273 μA 电流，此时流过运放 A_1 的电流方向与 I_1 方向相反。

（2）接入 AD590，此时 A_1 输出应与室温对应，如 24℃对应输出 240 mV。

（3）调节 R_{W2} 使运放 A_2 的电压放大倍数为 10。

五、性能测试

用手或热水杯触及 AD590 外壳，观察继电器是否动作，发光二极管是否发光。

六、设计报告要求

1. 设计任务

写明设计题目、设计任务。

2. 设计条件

写明设计环境、实验室提供的实验条件和设备元器件等。

3. 设计具体要求

写明任务对设计电路的具体要求，以及设计电路所具有的功能等。

4. 设计内容

（1）绘制经过测试验证、完善的电路原理图。

（2）设计步骤和调试过程。

（3）列出元器件目录表。

（4）列出主要参考文献。

（5）写出设计小结以及实验的体会、收获和建议。

5.5 数 字 钟

一、设计任务

设计一个能显示时、分、秒的时钟。

二、设计要求

1. 基本功能

（1）以 12/24 小时计时制显示时、分、秒。

（2）具有校时功能，可以分别对时及分进行单独校时，使其校正到标准时间。

（3）计时过程具有报时功能。

2. 扩展功能

（1）闹铃功能，当计时到预定时间时，蜂鸣器发出闹铃信号，闹铃时间为 10 秒，可提前终止闹铃。

（2）其他功能扩展。

三、设计原理

数字钟是采用数字电路实现对时、分、秒数字显示的计时装置，广泛用于个人、家庭、车站、码头、办公室等公共场所，成为人们日常生活中不可少的必需品。由于数字集成电路的发展和石英晶体振荡器的广泛应用，使得数字钟的精度远远超过老式钟表，钟表的数字化给人们的生产生活带来了极大的方便，而且大大地扩展了钟表原先的报时功能。如定时自动报警、按时自动打铃、时间程序自动控制、定时广播、自动起闭路灯、定时开关烘箱、通断动力设备，甚至各种定时电气的自动启用等，所有这些都是以钟表数字化为基础的。因此，研究数字钟及扩大其应用有着非常现实的意义。

数字钟实际上是一个对标准频率(1 Hz)进行计数的计数电路。由于计数的起始时间不可能与标准时间(如北京时间)一致，故需要在电路上加一个校时电路，同时标准的 1 Hz 时间信号必须做到准确稳定。通常使用石英晶体振荡器电路构成数字钟。图 5.16 所示为数字钟的一般构成框图，电路由晶体振荡器、时钟计数器、校时控制电路、译码和显示电路等组成。

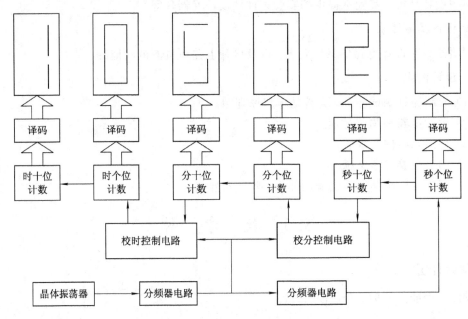

图 5.16　数字钟的一般构成框图

1. 晶体振荡器

晶体振荡器的作用是产生时间校准信号。数字钟的精度主要取决于时间标准信号的频率及其稳定度。因此，一般采用石英晶体振荡器经过分频得到这一信号，也可采用由门电路或 555 定时器构成的多谐振荡器作为时间标准信号源。

2. 计数器

有了时间标准"秒"信号后，就可以根据 60 秒为 1 分、60 分为 1 小时、24 小时为 1 天的计数周期，分别组成两个六十进制(秒、分)、一个二十四进制(时)的计数器。将这些计数器进行适当的连接，就可以构成秒、分、时的计数，实现计时的功能。

3. 译码和显示电路

译码和显示电路可将数字钟和计时状态直观清晰地反映出来，被人们的视觉器官所接受。显示器选用 LED 七段数码管，在译码显示电路输出的驱动下，显示出清晰、直观的数字符号。

4. 校时控制电路

实际的数字钟电路由于秒信号的精确性不可能做到完全(绝对)准确无误，加之电路中其他原因，数字钟总会产生误差，因此电路中应该有校准时间功能的电路，即校时控制电路。

四、安装调试

1. 采用中小规模集成电路实现

采用集成逻辑电路设计具有能实现时、分、秒计时功能和定点报时功能的数字钟，计时模块采用时钟信号触发，不需要程序控制。

（1）用 555 定时器加上一些基本元件构成一个振荡周期为 1 秒的标准秒脉冲发生器，再用若干十进制计数器和与门、非门电路分别组成两个六十进制及一个二十四进制的计数器，分别作为秒、分、时的计数电路。将标准秒脉冲信号作为秒计数电路时钟脉冲输入，把秒计数电路进位输出作为分计数器时钟脉冲，同样，将分计数电路进位输出作为时计数电路时钟脉冲输入。三个计数电路的输出连接到译码器，再将译码器输出接到数码管进行显示。这样，电路就能实现基本的由 00∶00∶00 到 23∶59∶59 的计时功能。

（2）设计一个由频率为 32.768 kHz 的石英晶体振荡器、十四位分频器及二分频器组成的一个振荡周期为 1 秒的标准秒脉冲发生电路。再用若干十进制计数器和与门、非门电路分别组成两个六十进制及一个二十四进制的计数器，分别作为秒、分、时的计数电路。将秒脉冲信号作为秒计数电路时钟脉冲输入，把秒计数电路进位输出作为分计数器时钟脉冲，同样，将分计数电路进位输出作为时计数电路时钟脉冲输入。再将十进制计数器的输出经译码后连接到数码管进行显示。这样，电路也能实现基本的由 00∶00∶00 到 23∶59∶59 的计时功能。

2. 单片机编程实现

此方案采用单片机编程来设计和控制。数字电子钟电路设计的总体设计框图如图 5.17 所示，控制器采用单片机 AT89S51，用 6 位 LED 数码管以串口传送数据实现时间显示。

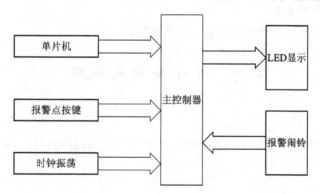

图 5.17　整体设计框图

3. EDA 技术实现

采用 EDA 技术，以 Verilog HDL 为系统逻辑描述手段设计文件，在 Quartus Ⅱ 工具软件环境下，采用自顶向下的设计方法，时钟模块、控制模块、计时模块、数据译码模块、显示以及报时模块组成基本模块，共同构建一个基于 FPGA 的数字钟。

根据系统设计要求，系统设计采用自顶向下的设计方法，子模块利用 Verilog HDL 设计，顶层文件用原理图的设计方法。

（1）用 Verilog HDL 设计计数器，并编译形成模块，必要时进行时序仿真。

（2）用 Verilog HDL 设计分频器，得到基准时钟，并编译形成模块，必要时进行时序仿真。

（3）用 Verilog HDL 设计动态数码管扫描电路，并编译形成模块，必要时进行时序仿真。

（4）用 Verilog HDL 设计 BCD－七段数码管译码显示程序，并编译形成模块。

（5）新建一个原理图文件（＊.bdf）。

（6）编译，分配引脚，再编译，下载。

（7）在硬件电路中进行系统功能验证。

五、设计报告要求

1. 设计任务

写明设计题目、设计任务。

2. 设计条件

写明设计环境、实验室提供的实验条件和设备元器件等。

3. 设计具体要求

写明任务对设计电路的具体要求，以及设计电路所具有的功能等。

4. 设计内容

（1）绘制经过测试验证、完善的电路原理图。

（2）设计步骤和调试过程。

（3）列出元器件目录表。

（4）列出主要参考文献。

（5）写出设计小结以及实验的体会、收获和建议。

5.6　十字路口交通灯

一、设计任务

设计一个十字路口的交通灯，它有两个方向，每个方向具有红灯、绿灯和黄灯 3 种。

二、设计要求

1. 基本功能

（1）十字路口包含东西、南北两个方向的车道。东西方向放行 30 s（绿灯 25 s，黄灯 5 s），同时南北方向禁止通行（红灯 30 s）；然后南北方向放行 30 s（绿灯 25 s，黄灯 5 s），同时东西方向禁止通行（红灯 30 s）。依次类推，循环往复。

（2）用两组数码管显示东西、南北两个方向的倒计时显示，实现倒计时功能。

（3）遇有特殊情况时，可按 HOLD 键，使两个方向均停止通行，并且均为红灯亮、黄灯闪烁，数码管显示当前数值，待特殊情况处理完毕，按 HOLD 键，解除禁止通行功能，恢复原来的正常通行状态。

2. 拓展功能

交叉路口状况较复杂，因此交通灯的设计也多种多样。可根据实际情况，修改相应的设计，比如在每个方向加一个左转向灯。

三、设计原理

随着经济社会的发展，人们生活水平逐步提高，私家车越来越多，道路堵塞问题已经成为一项重大的民生问题。为了节省人力资源，很多十字路口都安装了交通灯，但是十字路口的交通灯该如何设计，才能更好地解决道路堵塞问题呢？

根据设计要求可画出交通灯的示意图，如图 5.18 所示，其切换顺序如图 5.19 所示。

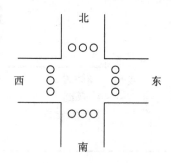

图 5.18　交通灯示意图

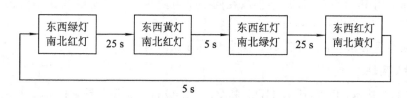

图 5.19　切换顺序图

可设置两个时钟源，一个作为系统时钟，一个可由系统时钟分频得到，作为黄灯闪烁信号。

四、安装调试

1. 采用常规器件实现

采用集成电路实现十字路口交通灯的指示，不需要程序设计。

根据图 5.19 的切换顺序，可先自行画出交通灯运行的时序图。自行设计时钟频率，可通过分频器得到系统频率。译码电路可以用组合逻辑电路实现。

参考器件：二—五—十进制异步计数器（74LS90）1 只，二进制同步计数器（74LS161）1 只，四位双向移位寄存器（74LS194）2 只，四 2 输入与非门（74LS00）1 只，四 2 输入或非门（74LS02）1 只，六反相器（74LS04）1 只，三 3 输入与非门（74LS10）1 只。

时钟可由 555 集成电路组成多谐振荡器或者由门电路组成。

2. 单片机编程实现

此方案可采用 AT89C51 来控制，用二极管来代替交通灯，通过对单片机 I/O 口的编程来控制交通灯。其仿真电路如图 5.20 所示。

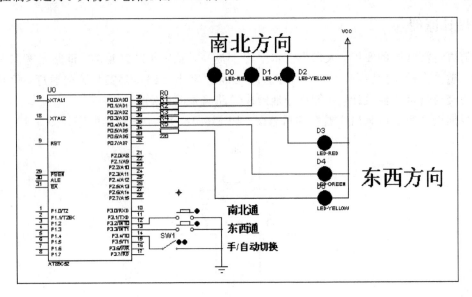

图 5.20　单片机仿真电路

在实际应用中，所有交通灯不会放在同一个电路板上，而是要放在不同的路口，需要互相协同工作，这就需要用到单片机通信技术，可以用 RS-232 或 RS-485 协议将多个单片机电路板连接起来，这样才能真正实现交通灯控制的目的。

3. EDA 实现

采用 EDA 技术，以 Verilog HDL 来设计，在 Quartus Ⅱ 工具软件环境下，采用自顶向下的设计方法。本设计可划分为三个模块：一是分频器模块；二是交通灯控制器模块；三是显示译码模块。

根据系统设计要求，系统设计采用自顶向下的设计方法，子模块利用 Verilog HDL 设计，顶层文件用原理图的设计方法。

（1）用 Verilog HDL 设计分频器，得到基准时钟，并编译形成模块，必要时进行时序仿真。

（2）用 Verilog HDL 设计交通灯控制器电路，并编译形成模块，必要时进行时序仿真。

（3）用 Verilog HDL 设计 BCD-七段数码管译码显示程序，并编译形成模块。

（4）新建一个原理图文件（*.bdf）。

（5）编译，分配引脚，再编译，下载。

（6）在硬件电路中进行系统功能验证。

五、设计报告要求

1. 设计任务

写明设计题目、设计任务。

2. 设计条件

写明设计环境、实验室提供的实验条件和设备元器件等。

3. 设计具体要求

写明任务对设计电路的具体要求，以及设计电路所具有的功能等。

4. 设计内容

（1）绘制经过测试验证、完善的电路原理图。

（2）设计步骤和调试过程。

（3）列出元器件目录表。

（4）列出主要参考文献。

（5）写出设计小结以及实验的体会、收获和建议。

5.7　饮料自动售卖机

一、设计任务

设计一个饮料自动售卖机。

二、设计要求

（1）假定该饮料自动售卖机仅提供一种饮料，每盒售价为 1.5 元，该机器上有按键，按下后表示购买该饮料。

（2）投币器只能接受 1 元硬币和 5 角硬币。

（3）具有找零功能，即只找零 5 角。

（4）有两个输出口，一个输出饮料，另一个输出找零。在输出饮料和找零时，使用两个指示灯，分别用于提示用户取走饮料和找零。

（5）在界面上显著位置显示投币总额和找零值。

三、设计原理

本实验采用状态机完成设计。根据题意，可作状态图如图 5.21 所示。

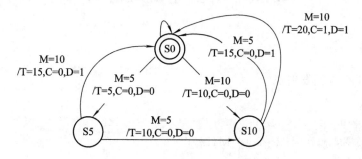

图 5.21　饮料自动售卖机的状态图

状态图中，S0 表示未投币状态或者饮料取出后的状态；S5 表示已投币 5 角的状态；

S10 表示已投币 1 元的状态。其中 M 表示投币值，为 0 表示未投币，为 5 表示投币 5 角，为 10 表示投币 1 元；T 表示已投币的总和；C 用于指示是否有零钱找回，为 1 表示有零钱找回；D 用于指示是否有饮料需要取走，为 1 表示有饮料要取走。

四、安装调试

本设计采用 FPGA 实现，操作过程如下：

首先将每种饮料的数量和单价输入到 RAM 中，然后顾客通过按键对所需商品进行选择，选定后通过相应的按键进行购买，并按键找零，同时结束交易。

按购买键时，如果投的钱数等于或者大于所购买的商品单价，则自动售卖机给出所购买的物品，并进行找零操作；如果钱数不够，则自动售卖机不做响应，并等待顾客的下次操作。顾客的下次操作是，既可以继续投币，直到钱数满足所需付款的数量，也可以选择结束键退币。

五、设计报告要求

1. 设计任务

写明设计题目、设计任务。

2. 设计条件

写明设计环境、实验室提供的实验条件和设备元器件等。

3. 设计具体要求

写明任务对设计电路的具体要求，以及设计电路所具有的功能等。

4. 设计内容

（1）绘制经过测试验证、完善的电路原理图。

（2）设计步骤和调试过程。

（3）列出元器件目录表。

（4）列出主要参考文献。

（5）写出设计小结以及实验的体会、收获和建议。

5.8 小型等幅发射机

一、设计任务

设计一个小型等幅发射机。

二、设计要求

（1）工作频率：$f_0 = (1.2 \sim 2.6)$ MHz。

（2）输出功率：$P_{omax} \geqslant 0.25$ W。

（3）频率稳定度：$\dfrac{\Delta f}{f_0} \leqslant 5 \times 10^{-4}$。

（4）负载电阻：$R_L = 50\ \Omega$。

（5）电源电压：$U_{CC} = 12\ V$。

此外，还要适当考虑发射机的效率，输出波形失真以及波段内输出功率的均匀度等。

三、设计原理

1. 设计原理

图 5.22 为等幅发射机组成框图，其中主振级是正弦波自激振荡器，用来产生频率为 2.6 MHz 的高频振荡信号，由于整个发射机的频率稳定度由它决定，因此要求主振级有较高的频率稳定度，同时也有一定的振荡功率（或电压），其输出波形失真要小。缓冲级的主要作用是将主振级与激励级进行隔离，以减轻后面各级工作状态变化（如负载变化）对振荡频率稳定度的影响以及减小振荡波形的失真。激励级放大信号功率。然后再利用功放（调幅）将从激励级送来的信号进行高效率功率放大，以输出足够大的功率供给负载（天线）。由于功放级往往工作于效率较高的丙类工作状态，其输出波形不可避免地产生失真，为滤除谐波，输出电路应有输出滤波网络。另外，输出网络还应在负载（天线）与功放级之间实现阻抗匹配。

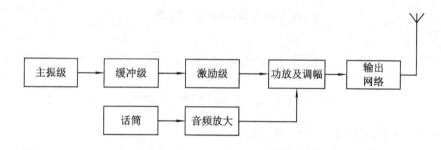

图 5.22　等幅发射机组成框图

2. 参考电路

图 5.23 中的 L_3、R_7、C_7 主要是为基极调幅而设制的。

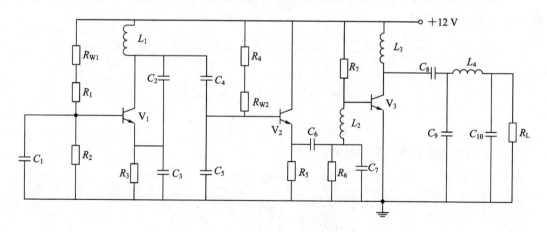

图 5.23　等幅波发射机参考电路

3. 参考电路器件及参数选择

（1）V_3 管输出电阻 R_E 的选择。选定电路临界工作状态时，$P_{omax}=0.5$ W$>2P_o$，再考虑匹配电路的传输效率，假定晶体管最大输出功率 $P_{omax}=0.5$ W，临界时

$$U_{Cm} = U_{CC} - U_{CES} = 12 - 1 = 11 \text{ V}(\text{取 } U_{CES} = 1 \text{ V})$$

$$R_E = \frac{U_{Cm}^2}{2P_{omax}} = 100 \ \Omega$$

（2）匹配电路的选择。由于 $R_L=50$ Ω，$R_E=100$ Ω，所以需要采用匹配电路，将 R_L 转换为晶体管所需的负载 R_E。匹配电路还应具有滤波作用。选用的匹配电路形式如图 5.24 所示。

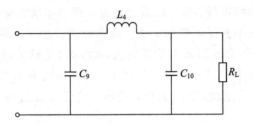

图 5.24　阻抗匹配单元电路

参数计算公式：

$$R_E = \frac{1 + Q_{E1}^2}{1 + Q_{E2}^2}R_L, \quad C_9 = \frac{Q_{E1}}{\omega_0 R_E}$$

$$C_{10} = \frac{Q_{E2}}{\omega_0 R_L}, \quad L = \frac{R_E(Q_{E1} + Q_{E2})}{\omega_0(1 + Q_{E1}^2)}$$

式中，$\omega_0 = 2\pi f_0$，$R_L=50$ Ω，$R_E=100$ Ω。

选 $Q_{E1}=2$，则 $Q_{E2}=\sqrt{(1+Q_{E1}^2)\dfrac{R_L}{R_E}-1}$，得

$$C_9 = 1224 \text{ pF (取 1200 pF)}, C_{10} = 1149 \text{ pF (取 1500 pF)}$$

（3）馈电电路的选择。采用并联馈电电路，扼流圈选 4.7 mH。选择功放电路时，η_C 若按 60% 计算，则临界时

$$P_C = \frac{1-\eta_C}{\eta_C}P_{omax} = \frac{1-0.6}{0.6} \times 0.6 = 0.4 \text{ W} = 400 \text{ mW}$$

$$I_{C1m} = \frac{U_{Cm}}{R_E \cdot \alpha(\theta)}\bigg|_{\theta=90°} = \frac{11}{100 \times \alpha(90°)}$$

$$= \frac{11}{100 \times 0.5} = 0.22 \text{ A}$$

（4）功放管基极偏置电阻的计算：

$$P_o = \frac{1}{2}I_{C1m}^2 \times R_E$$

$$I_{C1m} = \sqrt{\frac{2P_o}{R_C}} = \sqrt{\frac{2 \times 0.6}{100}} = 70 \text{ mA}$$

$$I_{Cmax} = \frac{I_{C1}}{\alpha(90°)} = \frac{70}{0.5} = 140 \text{ mA}$$

选 $\beta = 50$，则

$$I_{\text{Bmax}} = \frac{I_{\text{Cmax}}}{\beta} = \frac{140}{50} \approx 3 \text{ mA}$$

$$R_{\text{B}} = \frac{U_{\text{CC}}}{I_{\text{Bmax}}} = \frac{12}{3} = 40 \text{ k}\Omega$$

$$U_{\text{CEmax}} = 2U_{\text{CC}} = 24 \text{ V}$$

选用 3DG12C，其极限参数为 $f_{\text{T}} = 300 \text{ MHz}$，$P_{\text{Cm}} = 700 \text{ mW}$，$I_{\text{Cm}} = 300 \text{ mA}$，$BU_{\text{CED}} > 30 \text{ V}$。

(5) 缓冲级的计算。缓冲级参考电路如图 5.25 所示，晶体管的静态工作点应位于交流负载线的中点，考虑到晶体管约有 1 V 的饱和压降，可取 $U_{\text{CC}} = 7 \text{ V}$，$U_{\text{CQ}} = 5 \text{ V}$，为得到一定的跟随范围，减小失真，可取静态工作点电流 $I_{\text{CQ}} = 6 \text{ mA}$，则

$$R_5 = \frac{U_{\text{CQ}}}{I_{\text{CQ}}}$$

为便于调节，基极偏置电阻采用电位器 R_{W1}、R_4 组合而成。

$$R_{\text{W1}} + R_4 = \frac{U_{\text{C}} - U_{\text{EQ}}}{I_{\text{BQ}}}$$

$$I_{\text{BQ}} = \frac{I_{\text{CQ}}}{\beta}$$

V_2 管可选用普通的小功率高频晶体管，如 3DG6、3DG8，β 取 $40 \sim 60$。

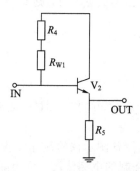

图 5.25　缓冲级参考电路

(6) 主振级的计算。采用简单的电容三点式振荡电路，其原理电路如图 5.26 所示。

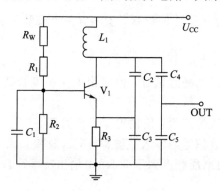

图 5.26　简单电容三点式振荡电路

在图 5.26 中，C_1 为交流旁路电容，故晶体管 V_1 的基极交流接地，该电路可看成共基

电路和反馈网络组成，C_4、C_5 构成分压电路，提供降压输出，减小了负载对振荡电路的影响。

① 选管：主振级是小功率振荡管，选择一般小功率高频管即可，但从稳频和起振出发，应选特征频率 f_T 较高的晶体管，因为 f_T 高，高频性能好，晶体管内部相移就小，有利于稳频；在高频工作时，振荡器也因具有足够的增益而易于起振。通常，$f_T > (3 \sim 10) f_0$。另外，应选电流放大倍数 β 较大的晶体管，因为 β 大易起振。为此，可选 3DG6、3DG8、9018 等常用的高频小功率管。

② 直流工作状态与偏置电阻的计算：振荡管的静态工作点电流对振荡器工作的稳定性及波形有较大的影响，因此应合理选择工作点。振荡器振荡幅度稳定后，常工作在非线性区域，晶体管必然出现饱和和截止情况，晶体管在饱和时输出阻抗低，它并联在 LC 回路上使 Q 值大为降低，从而降低频率稳定度，波形也会失真，所以应把工作点选在偏向截止区的一边，故工作点电流不能过大，应选小些。通常对小功率振荡器，工作点电流应选 $I_{CQ} = 1 \sim 4$ mA，I_{CQ} 偏大，可使振荡幅度增加一些，但对其他指标不利，通常取 $I_{CQ} = 1$ mA，$R_3 = 2$ kΩ。请考虑基极偏置电阻应如何定。取 $I_1 = (5 \sim 10) I_{BQ}$，则

$$R_2 = \frac{U_{EQ} + U_{BEQ}}{I_1}, \quad R_1 = \frac{U_C - U_{BQ}}{I_1}$$

③ 振荡电路参数与选取：选择 $L = (10 \sim 12)$ μH，$\omega_0 = \dfrac{1}{\sqrt{LC_\Sigma}}$，$C_\Sigma = \dfrac{1}{(2\pi f_0)^2 L} = 390$ pF，而 $C_\Sigma = \dfrac{C_2 C_5}{C_2 + C_5} + \dfrac{C_4 C_3}{C_4 C_3}$，选反馈系数 $k_f = 1$，则 $C_2 = C_3$（选为 510 pF），取输出接入系数 $P = \dfrac{C_4}{C_3 + C_4} = \dfrac{1}{3}$，确定 C_4 值，即可计算出 C_3 值。

四、安装调试

对图 5.23 所示参考电路进行装配、调整、测试，使电路能正常工作，并达到所要求的主要技术指标。

(1) 检测元件、晶体管。用晶体管图示仪检测晶体管（它们的主要参数，如 β、U_{CES} 等），使其符合设计要求。对要求自己绕制的电感线圈，可用高频电感电容测量仪测量电感量。

(2) 按规定的印制线路的大小设计印制板图，并通过描图、腐蚀、钻孔等过程制作电路印制板。

(3) 对要求的电路进行元器件的焊接、安装，要求安装整齐，电路板焊点光滑、无虚焊、错焊。

(4) 对各级电路进行调试。

① 振荡电路：调整合适的静态偏置，使输出电压幅度合适，输出波形应无明显失真，输出信号频率正确。

② 缓冲电路：调整合适的偏置，使输出无明显失真。

③ 功放电路：调整功放偏置或输入载波幅度，以及相关元件参数，使输出幅度达到最大，无明显失真，要求输出电压幅度大于 3.5 V，输出功率符合要求。

五、性能测试

(1) 输出信号频率范围：用示波器（或频率计）测量输出信号频率，看其工作频率范围

是否为 1.2～2.6 MHz。

(2) 发射功率：在输出信号频率范围内，计算发射功率，看能否达到设计要求。

六、设计报告要求

1. 设计任务

写明设计题目、设计任务。

2. 设计条件

写明设计环境、实验室提供的实验条件和设备元器件等。

3. 设计具体要求

写明任务对设计电路的具体要求，以及设计电路所具有的功能等。

4. 设计内容

(1) 绘制经过测试验证、完善的电路原理图。

(2) 设计步骤和调试过程。

(3) 列出元器件目录表。

(4) 列出主要参考文献。

(5) 写出设计小结以及实验的体会、收获和建议。

5.9 高频信号发生器

一、设计任务

设计一个简易的高频信号发生器。

二、设计要求

(1) 电源电压：5 V。

(2) 输出正弦波功率：0.2 W。

(3) 调制方式：普通调幅。

(4) 工作频率范围：

① 有 465 kHz～1.5、4～15 MHz、25～49 MHz 三挡；

② 每挡频率要连续可调；

③ 可输出 1 kHz 的音频信号。

三、设计原理

1. 设计原理

一般高频信号发生器由主振级、缓冲级、调制级、输出级等几大部分组成，如图 5.27 所示。

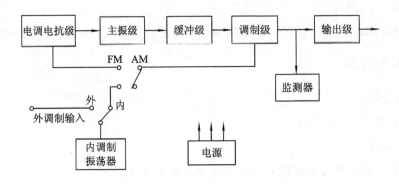

图 5.27　高频信号发生器框图

　　这是一个小型简易高频信号发生器，它只包含主振级和调制级两部分，可供检修调试收音机、电视机及遥控设备之用。

　　主振级与调制级是高频信号发生器的主要电路。这两部分可采用两级电路，也可合为一级电路。主振级是一个 LC 自激正弦波振荡器。它输出一定频率范围的正弦波，又可送给调制级作为载波。调制级提供测试接收机灵敏度、选择性等指标用的已调信号。它可以是调幅波、调频波，也可以是脉冲信号。本节采用简化调幅电路，将主振级与调制级合二为一。调制级本身就是一个正弦波振荡器，当振荡管的某一个电极同时输入了音频信号时，高频振荡将被音频信号所调制，此时振荡器输出的波形就不再是等幅波而是调幅波，这里，调制方式仅限调幅制一种。高频信号发生器还要求有音频信号输出，因此，仪器中还要包含一个音频振荡器，即图 5.27 中所示的内调制振荡器。此振荡器既可输出音频信号，又可提供内调制信号。不难看出，我们设计的高频信号发生器实际上只有两部分：一是音频振荡电路，二是高频振荡电路。它们既能产生不同频率的正弦波，又能共同产生调幅波。图 5.28 是其组成框图。

图 5.28　高频信号振荡器组成

2. 参考电路

1）音频振荡器

　　音频振荡电路有多种形式。它可以是文氏电桥振荡器，也可以是 LC 振荡器。这里仅介绍 LC 正弦波振荡器的设计。

　　LC 正弦波振荡器有变压器反馈式、电感三点式及电容三点式几种。其中电容三点式振荡器的振荡频率较高，不适于作音频振荡器；而电感三点式振荡器的反馈电压取自电感支路，对高次谐波阻抗大，振荡频率不易很高，但作音频振荡器是适宜的。因此，这里选用共基极电感三点式振荡器，电路如图 5.29 所示。图中的 C_1 是隔直电容，同时形成反馈支路。图 5.30 是其交流等效电路。

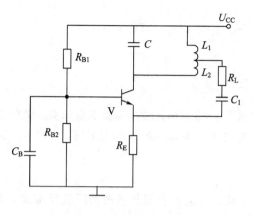
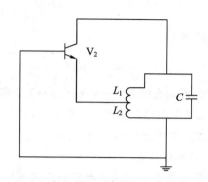

图 5.29 LC 正弦波振荡器电路　　　　图 5.30 交流等效电路

（1）选管。音频振荡器属小功率振荡器，选用一般的小功率高频管即可，从稳频和易于起振考虑，应尽量选取特征频率高的管子。另外，应选电流放大系数 β 高的管子，这样即使晶体管与回路处于松耦合状态，也易于满足起振条件，通常可选用 3DG 系列管。

（2）直流工作状态与偏置电阻的选择。振荡管的静态工作电流对振荡器工作的稳定性及波形有很大影响，应合理选择工作点。当振荡器的振荡幅度稳定后，一般应工作于非线性区域，晶体管必然出现饱和与截止状态。晶体管饱和时输出阻抗低，它并联在 LC 谐振回路上将使 Q 值大为降低，从而降低频率稳定度，波形会出现失真。所以应当把工作点选在偏向截止一边的放大区，即工作电流不能过大。通常对小功率振荡器的工作电流应选 $I_{CQ}=1\sim5$ mA。若 I_{CQ} 偏大，可使振荡幅度增加一些，但对其他指标不利。现取 $I_{CQ}=3$ mA，U_{CEQ} 应选大些，以使振荡器偏向截止方向工作。取 $U_{CEQ}=3.6$ V（$U_{CC}=5$ V），由此可算得发射极电阻：

$$R_{E}=\frac{U_{CC}-U_{CEQ}}{I_{CQ}}=\frac{4.5\text{ V}-3.6\text{ V}}{3\text{ mA}}=300\text{ }\Omega$$

选择基极分压偏置电阻 R_{B1}、R_{B2}：

$$I_{BQ}=\frac{I_{CQ}}{\beta}=\frac{3\text{ mA}}{50}=0.06\text{ mA}$$

取 $I_1=5I_{BQ}=5\times0.06$ mA$=0.3$ mA，则

$$R_{B1}=\frac{U_{CC}-U_{BQ}}{I_1}=\frac{4.5\text{ V}-1.6\text{ V}}{0.3\text{ mA}}=9.6\text{ k}\Omega\text{（取 10 k}\Omega\text{）}$$

$$R_{B2}=\frac{U_{BQ}}{I_1}=\frac{1.6\text{ V}}{0.3\text{ mA}}=5.3\text{ k}\Omega\text{（取 5.1 k}\Omega\text{）}$$

为便于调整静态工作电流，R_{B1} 采用电位器与电阻串接，待电路调整好后，再换相应值的电阻。

（3）振荡回路元件的确定。振荡回路的元件值可根据振荡频率的要求来确定。根据要求

$$f_0=\frac{1}{2\pi\sqrt{LC}}=1000\text{ Hz}$$

因为振荡频率较低，故回路元件值较大。现取 $C=0.33\ \mu$F，计算回路电感

$$L = \frac{1}{(2\pi f_0)^2 C} = \frac{1}{(2\pi \times 10^3)^2 \times 0.33 \times 10^{-6}} = 76.8 \text{ mH}$$

反馈系数为

$$K_f = \frac{L_1}{L_2}$$

它决定电感抽头位置，一般在 $0.1 \sim 0.5$ 范围内选择。K_f 太小，则振荡器不易起振，幅度太小；K_f 太大，则振荡幅度大，易工作到饱和区，造成波形失真和频率稳定度低，所以应选取合适的值，本例选取 $K_f = 0.2$。

2）高频振荡器

高频振荡器一般采用电容三点式或变压器反馈式。这里采用共基极变压器反馈式，其原理电路及交流通路如图 5.31 所示。

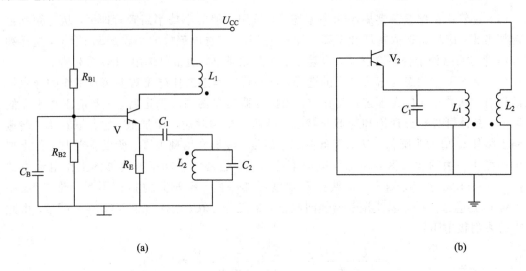

(a)   (b)

图 5.31　高频振荡原理电路及交流通路

变压器反馈振荡器的优点是容易起振，输出电压大，结构简单，调节频率方便，调节频率时输出电压变化不大。当振荡管的基极输入音频信号时，高频振荡将被音频信号所调制，振荡器即成为调幅器。

由于高频振荡器的振荡频率较高，在选管时应注意选超高频小功率三极管，特征频率 f_T 也要比音频振荡管的要求高，通常选 $f_T > (3 \sim 10) f_0$（f_0 为振荡器的中心频率）。f_T 高则管子的高频性能好，晶体管内部相移小，有利于稳频。在高频工作时，振荡器的增益仍较大，易于起振。本例中可选用 3DG56 超高频管，其 $f_T > 500 \text{ MHz}$，远大于本节要求的最高工作频率 49 MHz。

高频振荡器的直流工作状态与偏置电阻的计算同本例音频振荡器的计算方法，但注意集电极电流 I_{CQ} 为 $2 \sim 4 \text{ mA}$。基极偏置电阻最好也采用电位器，以便调整静态电流。

鉴于高频振荡器具有 3 挡频率（3 个波段），可用一个四刀三位的拨动式波段开关进行转换，各挡频率由双连电容器作连续频率微调。

四、安装调试

对设计电路进行装配、调整、测试，以使电路能正常工作，并达到所要求的主要技术指标。

1. 检测元件、晶体管

用晶体管图示仪检测晶体管（它们的主要参数，如 β、U_{CES} 等），使其符合设计要求。对要求自己绕制的电感线圈，可用高频电感电容测量仪测量电感量。

2. 对各级电路进行调试

（1）音频振荡器：调整合适的静态偏置，使输出电压幅度合适，输出波形应无明显失真，输出信号频率正确。

（2）高频振荡器：调整合适的静态偏置，以及有关元件，使输出幅度达到最大，无明显失真，输出功率符合要求。

五、性能测试

（1）输出信号频率范围。用示波器（或频率计）测量输出信号频率，看其工作频率范围是否为 3 挡：465 kHz～1.5 MHz、4 MHz～15 MHz、25 MHz～49 MHz。

（2）输出正弦波功率。在输出信号频率范围内，计算输出正弦波功率，看能否达到设计要求。

六、设计报告要求

1. 设计任务

写明设计题目、设计任务。

2. 设计条件

写明设计环境、实验室提供的实验条件和设备元器件等。

3. 设计具体要求

写明任务对设计电路的具体要求，以及设计电路所具有的功能等。

4. 设计内容

（1）绘制经过测试验证、完善的电路原理图。

（2）设计步骤和调试过程。

（3）列出元器件目录表。

（4）列出主要参考文献。

（5）写出设计小结以及实验的体会、收获和建议。

参 考 文 献

[1] 廉玉欣. 电子技术基础实验教程. 北京：机械工业出版社，2010.

[2] 康华光. 电子技术基础. 5 版. 北京：高等教育出版社，1998.

[3] 路勇. 电子电路实验及仿真. 2 版. 北京：高等教育出版社，2010.

[4] 刘宏. 电子技术实验（基础部分）. 西安：西北工业大学出版社，2008.

[5] 白静. 数字逻辑与逻辑设计. 西安：西安电子科技大学出版社，2009.

[6] 罗杰. Verilog HDL 与数字 ASIC 设计基础. 武汉：华中科技大学出版社，2008.

[7] 华清远见嵌入式培训中心. FPGA 应用开发入门与典型实例. 北京：人民邮电出版社，2008.

[8] 秦曾煌. 电工学. 6 版. 北京：高等教育出版社，2009.

[9] 杨颂华. 数字电子技术基础. 2 版. 西安：西安电子科技大学出版社，2009.

[10] 徐少莹. 数字电路与 FPGA 设计实验教程. 西安：西安电子科技大学出版社，2012.

[11] 贺敬凯. Verilog HDL 数字设计教程. 西安：西安电子科技大学出版社，2012.

[12] 冯军. 电子线路非线性部分. 5 版. 北京：高等教育出版社，2010.

[13] 阳昌汉. 高频电子线路. 3 版. 哈尔滨：哈尔滨工程大学出版社，2012.

[14] 王康年. 高频电子线路. 西安：西安电子科技大学出版社，2009.

[15] 康小平. 高频电子线路实验. 西安：西安电子科技大学出版社，2009.

[16] 杨霓清. 高频电子线路实验及综合设计. 北京：机械工业出版社，2009.

[17] 胡宴如. 高频电子线路实验与仿真. 北京：高等教育出版社，2009.